LA

FABRICATION DE L'ALCOOL

VI

DISTILLATION DES MÉLASSES

DE BETTERAVES

PAR

Jean-Paul ROUX

CHEVALIER DE L'ORDRE DU MÉRITE AGRICOLE
RÉDACTEUR EN CHEF DU JOURNAL *LA REVUE UNIVERSELLE DE LA DISTILLERIE*
MEMBRE DU COMITÉ D'ADMISSION ET DU JURY DES RÉCOMPENSES DE L'EXPOSITION UNIVERSELLE DE 1889
MEMBRE DU JURY DE L'EXPOSITION INTERNATIONALE DE 1881
DE L'EXPOSITION UNIVERSELLE DE BRUXELLES EN 1888
MEMBRE DES CONGRÈS INTERNATIONAUX POUR L'ÉTUDE DE L'ALCOOLISME,
MEMBRE DE LA SOCIÉTÉ DE ... DE PARIS, ETC., ETC.

Prix : 2 francs

PARIS
G. MASSON, ÉDITEUR
LIBRAIRIE DE L'ACADÉMIE DE MÉDECINE
120, BOULEVARD SAINT-GERMAIN, 120

1890

RÉCOMPENSES

OBTENUES PAR MM. D. SAVALLE FILS ET Cie

1867. — EXPOSITION UNIVERSELLE DE PARIS

La seule **Médaille d'Or** *accordée*
au matériel de distilleries dans la classe 50, composée de 600 Exposants.

1868. — EXPOSITION INTERNATIONALE DU HAVRE

Diplôme d'Honneur

1872. — EXPOSITION D'ÉCONOMIE DOMESTIQUE A PARIS

Hors Concours

M. D. SAVALLE a été nommé membre du jury des Récompenses du groupe V.

1872. — EXPOSITION UNIVERSELLE DE LYON

Hors Concours

M. D. SAVALLE a été élu, par les Exposants, Président du jury des Récompenses
de la classe 42.

1873. — EXPOSITION UNIVERSELLE DE VIENNE

Médaille de Progrès

1875. — EXPOSITION MARITIME ET FLUVIALE ET DES PRODUITS
D'EXPORTATION A PARIS

Hors Concours

M. D. SAVALLE a fait partie du Comité d'organisation et du jury des Récompenses.

1876. — SOCIÉTÉ D'ENCOURAGEMENT POUR L'INDUSTRIE
NATIONALE

Médaille d'Or

1877. — Membre du jury d'admission et membre du Comité d'installation de la classe 52
au Palais du Champ-de-Mars.

1878. — EXPOSITION UNIVERSELLE INTERNATIONALE A PARIS

Grand Prix

M. Désiré SAVALLE est promu au grade de Chevalier dans l'ordre de la Légion d'honneur.

1888. — EXPOSITION NATIONALE DES CIDRES ET D'ALIMENTATION
GÉNÉRALE

Diplôme d'Honneur

1889. — EXPOSITION UNIVERSELLE INTERNATIONALE A PARIS

Grand Prix

LA

FABRICATION DE L'ALCOOL

DISTILLATION DES MÉLASSES

DE BETTERAVES

LA
FABRICATION DE L'ALCOOL

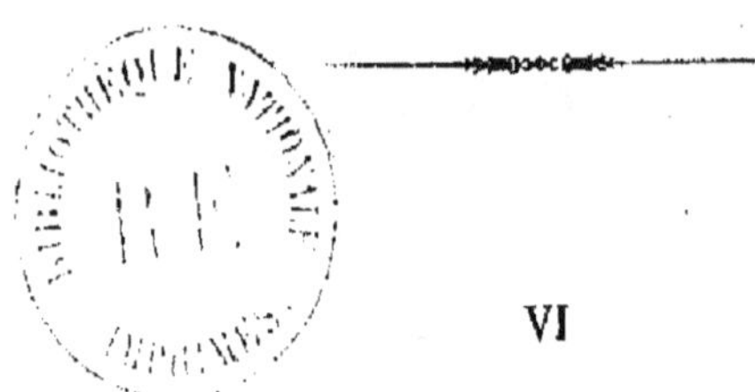

VI

DISTILLATION DES MÉLASSES
DE BETTERAVES

PAR

Jean-Paul ROUX

CHEVALIER DE L'ORDRE DU MÉRITE AGRICOLE
RÉDACTEUR EN CHEF DU JOURNAL *LA REVUE UNIVERSELLE DE LA DISTILLERIE*
MEMBRE DU COMITÉ D'ADMISSION ET DU JURY DES RÉCOMPENSES A L'EXPOSITION UNIVERSELLE DE 1889
MEMBRE DU JURY DE L'EXPOSITION INTERNATIONALE DE 1881
DE L'EXPOSITION UNIVERSELLE DE BRUXELLES EN 1888
MEMBRE DES CONGRÈS INTERNATIONAUX POUR L'ÉTUDE DE L'ALCOOLISME
MEMBRE DE LA SOCIÉTÉ DE STATISTIQUE DE PARIS, ETC., ETC.

Prix : 3 francs.

PARIS
G. MASSON, ÉDITEUR
LIBRAIRIE DE L'ACADÉMIE DE MÉDECINE
120, BOULEVARD SAINT-GERMAIN, 120

1890

PRÉFACE

Les ouvrages techniques qui s'adressent aux industriels doivent être courts et substantiels. Les hommes d'affaires, dont le temps est si mesuré, ne peuvent permettre à un auteur de se livrer avec dilettantisme à de longs développements scientifiques.

Préoccupé surtout de donner des indications pratiques et immédiatement applicables, nous avons donc laissé de côté toutes les abstractions scientifiques, toutes les curiosités de laboratoire, aussi bien que les notions trop élémentaires, pour ne rassembler dans notre travail que des renseignements certains.

Ce sont ces données qui font presque toujours défaut aux industriels qui veulent soit fonder un établissement, annexer une nouvelle industrie à la leur, ou même tout simplement faire le choix d'un appareil, ce qui est d'une extrême importance, comme on le verra dans notre travail.

Les procédés employés par l'industrie de la distillerie prennent de plus en plus de précision ; les phénomènes de la fermentation et de la distillation sont mieux connus, l'outillage plus rationnel ; de sorte que le succès ou l'insuccès dans l'organisation d'une distillerie tient surtout à la partie mécanique, car c'est d'elle que dépendent principalement les rendements et la qualité de l'alcool. Ainsi que l'a dit un illustre savant, la qualité de l'alcool est constante, il n'y a que les moyens employés pour le produire qui ne sont pas constants. Nous aurons atteint notre but si nous avons indiqué les moyens de le fabriquer dans d'excellentes conditions et d'excellente qualité.

M. DÉSIRÉ SAVALLE

A vingt-sept ans, M. Désiré Savalle se trouvait, par la mort de son père, fondateur de la maison, à la tête des affaires qu'il n'a cessé de développer par un travail des plus assidus, tant par le côté scientifique que par le côté industriel.

De l'étroite spécialité de la distillation des alcools, il s'était fait un monde, et rien ne lui échappait, rien ne lui était indifférent de ce qui se rattachait à ses occupations favorites.

La distillation de la betterave, de la mélasse, des vins, des grains, des caroubes, des jus de canne, du méthylène, a été tour à tour étudiée dans toutes ses parties : saccharification, fermentation, distillation des moûts, rectification des alcools, etc.

La rectification des alcools était surtout la base des recherches de M. Désiré Savalle ; il avait successivement étudié toutes les faces du problème, et en serrait de plus en plus la solution.

En 1873, il publia son livre : *Progrès récents de la distillation* qui fit connaître ses travaux; en 1876, l'édition étant épuisée, un nouvel ouvrage parut sous le titre : *Appareils et procédés nouveaux de distillation*, et, en 1881, un autre volume, *les Distilleries*, mettait à jour tous les progrès accomplis par la maison Savalle dans les différentes branches de l'industrie des alcools.

Ce que M. Désiré Savalle exposait dans ses livres il le justifiait par les faits ; les nombreuses usines qu'il a construites en France et à l'étranger en font foi, ainsi que les récompenses et les distinctions obtenues aux expositions.

En 1867, à l'Exposition universelle de Paris, il obtient la médaille d'or ; l'année suivante, au Havre, le diplôme d'honneur ; en 1873, à l'Exposition universelle de Vienne (Autriche), la médaille de progrès ; et, en 1878, à Paris, le grand prix. Nous passons, bien entendu, les concours et les expositions secondaires. En 1877, il faisait partie du jury d'admission et d'installation de l'Exposition universelle.

En 1878, M. Savalle fut nommé chevalier de la Légion d'honneur, juste récompense de travaux qui avaient contribué à agrandir le renom de l'industrie française.

Pour donner à ses recherches sur la rectification plus d'ampleur et de sûreté, M. Savalle a construit, près de Paris, un magnifique établissement pour la rectification des alcools, où sont appliqués tous les nouveaux procédés auxquels travaillait son esprit ingénieux et inventif.

Au lieu d'un petit laboratoire, chez lui, avenue du Bois-de-Boulogne, c'est un laboratoire sur une grande échelle qu'il avait construit à Puteaux.

M. Désiré Savalle est décédé le 10 octobre 1887, en son hôtel de l'avenue du Bois-de-Boulogne, à Paris.

Cette mort a eu un grand retentissement dans le monde de la distillerie, car le nom de M. Savalle est connu partout où on fabrique de l'alcool, c'est-à-dire dans le monde entier ; la description de ses appareils est pour ainsi dire classique, et se trouve dans tous les ouvrages de distillerie de tous les pays et dans toutes les langues.

C'est une perte considérable pour l'industrie et la science. M. Savalle est mort à quarante-neuf ans dans la plénitude de ses forces et de son activité infatigable. Son esprit, ouvert à tous les progrès, comprenait vivement toute l'importance d'une nouvelle découverte ou d'un perfectionnement.

Les funérailles eurent lieu le 13 octobre 1887, à l'église Saint-Honoré-d'Eylau, place Victor-Hugo, trop petite pour la circonstance, au milieu d'un grand concours de monde, de notabilités de l'industrie, du commerce et de la science.

Père d'une nombreuse famille, M. Savalle a laissé un fils digne de lui succéder.

CHAPITRE PREMIER

LA DISTILLERIE DE MÉLASSES DE BETTERAVES

Création de la distillerie de Mélasses. — Loi sucrière de 1846. — Progression de la fabrication. — Loi sucrière de 1884. — La sucraterie. — L'alcool pur et l'alcool de mélasse. — Opinion de M. PASTEUR. — Un bon outillage.

L'alcool de mélasses de betteraves, dont la production a pris une telle importance qu'en 1884 la fabrication atteignait 778,714 hectolitres, a eu des débuts bien modestes.

C'est en 1820 que Mathieu de Dombasle imagina un procédé de fermentation des mélasses qui, depuis, s'est généralisé dans toutes les distilleries.

Cinq ans plus tard, Tilloy pharmacien à Dijon, indiquait un moyen pour empêcher les fermentations nitreuses, accident fréquent dans la distillation des mélasses.

En 1836, Dubrunfaut prenait un brevet pour la distillation des mélasses de betteraves avec fabrication de potasse de vinasse ; encore dans la période de tâtonnements, de 1840 à 1850, la fabrication annuelle de l'alcool de mélasses s'élevait seulement à 40,000 hectolitres environ.

La loi du 31 mai 1846 sur la fabrication du sucre avait pour ainsi dire organisé et rendu obligatoire la distillation de la mélasse, car l'article 11 de cette loi est ainsi conçu : « Les mélasses épuisées ne peuvent être expédiées qu'à destination des distilleries. »

A partir de 1855, sous l'influence de la pénurie d'alcool de vin que l'oïdium avait presque supprimé, la distillation de la mélasse fait des progrès rapides.

Cette progression est telle qu'en 1879 elle atteint la moitié de la production alcoolique française qui s'est élevée cette année à 1,487,879 hectolitres sur lesquels, la mélasse a fourni 723,631 hectolitres ; la betterave n'a produit que 364,714 hectolitres, et les grains 247,171 hectolitres.

La loi sur les sucres du 29 juillet 1884, qui a accordé tant de faveurs à l'industrie sucrière, notamment en encourageant la *sucraterie*, extraction du sucre des mélasses, a fait baisser la production ; mais la sucraterie n'ayant pas répondu aux espérances qu'elle avait fait concevoir, les mélasses ont été rendues à la distillerie, pour le plus grand bien de tout le monde, notamment du budget.

La distillation des mélasses est certainement l'emploi le plus judicieux qui puisse être fait de ce résidu de la fabrication du sucre ; dont on obtient deux produits industriels : l'alcool et la potasse, d'une vente commerciale courante.

Cette distillation a employé, en 1888, un total de 222,775,230, kilogrammes de mélasse tant française qu'étrangère ; le plus fort chiffre a été en 1884, où la distillerie a employé 299,505,688 kilogrammes de mélasses.

Avant la loi sucrière de 1884, l'importation des mélasses étrangères s'élevait à peine au quart des mélasses françaises distillées.

Depuis 1884 l'importation française a presque doublé ; tandis que la mélasse française envoyée en distillerie a considérablement diminué, par suite des privilèges de la sucraterie « et par suite de l'énorme accroissement de la richesse des betteraves ».

Cependant aujourd'hui la mélasse de sucrerie revient toute à la distillerie, car on s'aperçoit que l'extraction du sucre des mélasses, quelque favorisée que soit cette industrie, n'est nullement rémunératrice. La meilleure utilisation de ce sucre est encore sa conversion en alcool par la distillation.

Le développement pris par cette industrie indique d'ailleurs que son succès n'est dû qu'à des causes naturelles et logiques. Ce n'est qu'en voulant favoriser une industrie purement artificielle que l'on a porté une atteinte passagère à cette grande industrie de la distillation de la mélasse, qui, à différentes reprises, a produit les énormes quantités d'alcool nécessaires pour combler le déficit des récoltes.

Elle facilite à la sucrerie la mise en œuvre d'une plus grande quantité de betteraves, en utilisant les résidus encore riches en sucre ; aussi s'est-elle développée parallèlement avec elle.

Quant à la qualité de l'alcool extrait de la mélasse, c'est la même que celle de l'alcool tiré des autres substances ; si l'alcool s'est trouvé quelquefois mauvais, c'est que les appareils pour l'extraire étaient imparfaits.

Préoccupé de la qualité particulière que donne aux alcools la substance qui a servi à les fabriquer, nous avons demandé un jour à M. Pasteur, avec qui nous nous entretenions de questions de fermentation, si l'alcool bien épuré était le même quelle que soit son origine.

L'illustre savant nous répondit qu'il n'y avait pas plusieurs espèces d'alcool, que la constitution de ce corps était la même quelle que fût la substance qui l'eût fournie, que les différences provenaient seulement des moyens employés pour le fabriquer.

La qualité de l'alcool, quelle que soit sa provenance, est donc constante, lorsqu'il est pur. Les différences proviennent justement des moyens employés pour le fabriquer. Or c'est précisément sur ce point que doit porter toute l'attention du fabricant.

L'alcool de mélasse n'est pas mauvais, parce qu'il provient de la mélasse ; il peut seulement être mauvais par suite d'une fabrication défectueuse et d'un mauvais outillage.

L'alcool bien fabriqué doit donc ne pas porter avec lui sa marque d'origine ; il doit être neutre, c'est-à-dire absolument pur.

L'Allemagne nous en offre d'ailleurs un exemple, avec l'alcool de pommes de terre dont les flegmes sont plus mauvais et plus difficiles à travailler que ceux de la mélasse par suite de l'abondance de l'huile de fusel. Or c'est avec ces flegmes des pommes de terre fabriqués en Prusse et en Russie que sont fabriqués les alcools allemands fins.

Il faut donc poser en principe que pour fabriquer des alcools purs la matière première est indifférente; c'est l'outillage qui est le principal, et ensuite les opérations de la fabrication.

CHAPITRE DEUXIÈME

DÉTERMINATION DE LA VALEUR DES MÉLASSES

La détermination de la valeur des mélasses est d'une extrême importance pour le distillateur. M. Hippolyte Leplay, le grand chimiste, qui connaissait à fond cette question des mélasses, et a été un des créateurs de la mélassimétrie, a donné des indications très précises pour cette délicate opération.

C'est à la suite de la discussion soulevée par un projet de marché de mélasse proposé au Comité central des fabricants de sucre par le Comité des distillateurs, que M. Leplay a fait un travail que nous reproduisons en partie.

§ I. — Moyens pratiques de déterminer la valeur des mélasses en distillerie par fermentation et distillation au laboratoire, par M. Hippolyte Leplay.

La plupart des chimistes connaissent les moyens de pratiquer la fermentation alcoolique et la distillation dans le laboratoire ;

mais lorsqu'il s'agit de déterminer la valeur commerciale de la mélasse entre acheteurs et vendeurs, il est certaines précautions à prendre pour obtenir des nombres constants comparables entre eux ; il est certaines conditions à remplir pour obtenir le maximum de rendement alcoolique que peut donner la mélasse ; il peut être utile de les faire connaître avec quelques détails pour assurer le succès de la fermentation et de la distillation.

Je vais passer en revue dans ce paragraphe les conditions de succès de ces diverses opérations, soit :

1° La quantité d'acide à employer dans la fermentation de la mélasse pour en obtenir le minimum de rendement en alcool ;

2° Le rapport du poids de la mélasse au volume de l'eau dans la fermentation ;

3° La température utile à la fermentation ;

4° La quantité et la qualité du ferment employé ;

5° La détermination de la richesse alcoolique du liquide fermenté ;

6° La détermination du rendement en alcool de la mélasse, et la détermination de sa richesse en sucre par son rendement en alcool.

7° La détermination de la valeur commerciale de la mélasse ;

8° La description d'une opération de fermentation et de distillation de mélasse donnée comme un exemple.

§ II. — Quantité d'acide sulfurique à employer dans la fermentation de la mélasse pour en obtenir le maximum de rendement alcoolique.

On sait que les mélasses, surtout les mélasses de sucrerie de betteraves, sont plus ou moins alcalines.

On sait également que les mélasses, pour donner leur maximum de rendement en alcool, doivent contenir une certaine quantité d'acide libre ; mais cette quantité n'est pas la même pour toutes les mélasses : de là, la nécessité de déterminer la quantité d'acide libre qui doit être employée pour obtenir le maximum d'alcool.

Cette quantité ne peut être déterminée qu'au moyen d'expériences comparatives opérées sur la même mélasse dans les mêmes conditions et avec des doses d'acide libre variables ; la fermentation qui fournira le plus d'alcool devra être considérée comme représentant le dosage d'acide à employer par le distillateur dans ses fermentations industrielles avec la même mélasse.

Le premier soin est donc de déterminer par une liqueur acide titrée la quantité d'acide nécessaire pour saturer exactement la quantité d'alcali libre soit caustique, soit carbonaté ou bicarbonaté, qui existe dans la mélasse soumise à l'examen. Cette quantité étant connue, on ajoute en plus une nouvelle quantité d'acide pour rendre le liquide acide. L'acide employé est généralement l'acide sulfurique.

L'acide sulfurique ajouté à la mélasse étendue de son volume d'eau, ne reste pas libre ; il met en liberté son équivalent d'acides plus faibles, soit des acides végétaux qui n'ont aucune action nuisible, mais ont au contraire une action utile dans la fermentation, puisque la quantité d'acides, mis ainsi en liberté, influe d'une manière certaine sur le rendement alcoolique de la mélasse.

La dose d'acide à employer varie en général de 1/2 à 2 0/0 du poids de la mélasse ; rarement la dose de 1/2 pour cent est suffisante ; elle doit être portée le plus souvent entre 1 et 1 1/2 0/0, soit entre 20° et 30° de la liqueur alcalimétrique de Gay-Lussac pour 100 grammes de mélasse.

L'emploi d'une certaine dose d'acide sulfurique après la saturation a pour effet d'empêcher la formation d'un acide aux dépens du sucre pendant la fermentation. Ainsi, si l'on se contentait de saturer l'alcali sans ajouter un excès d'acide, le liquide fermenté serait très acide après la fermentation terminée. Cet acide est l'acide lactique probablement mélangé à d'autres acides, la quantité ainsi développée aux dépens du sucre pourrait être l'équivalent de 2 à 3 grammes d'acide sulfurique par litre représentant 8 à 12 grammes de sucre environ perdu pour la production de l'alcool.

Si l'on emploie une dose d'acide insuffisante, soit 1/2 0/0 du poids de la mélasse, la quantité d'acide développée sera moins considérable, et elle sera à peu près nulle, avec la dose d'acide la plus convenable ; c'est-à-dire que si l'on a employé 25° alcalimétriques d'acide sulfurique pour 100 grammes de mélasse et que cette dose soit suffisante pour empêcher le développement de l'acide, on trouvera après la fermentation le nombre de degrés employés; alors on peut en conclure que ce dosage est le meilleur, qu'il ne s'est pas développé d'acide pendant la fermentation et que le rendement en alcool doit être à son maximum.

On arrive quelquefois à cette perfection dans le dosage, mais le plus souvent la quantité d'acide développée se trouve être de 3° à 4° alcalimétriques par litre et l'on peut s'arrêter à ce dosage (1).

Il sera donc nécessaire pour déterminer la quantité d'acide à employer pour obtenir le maximum de rendement alcoolique de faire au moins trois expériences de fermentation comparatives, l'une avec 1/2, l'autre avec 1 et une autre avec 1 1/2 0/0 du poids de la mélasse.

Celle qui, après fermentation, donnera le moins d'acide en sus de la quantité employée avant la fermentation correspondra au meilleur dosage. Ces trois expériences doivent se faire et être mises en levure en même temps.

---

(1) Ce fait de l'absence de formation d'acide pendant la fermentation des mélasses que plus d'un expérimentateur, à ma connaissance, a rencontré dans sa pratique permet de poser cette question : se forme-t-il dans ce cas de l'acide succinique indiqué par M. Pasteur comme se produisant dans toutes les fermentations?

La fermentation de la mélasse de fabrique de sucre de betteraves avec une dose suffisante d'acide sulfurique ferait-elle exception à la règle de M. Pasteur ?

Cette question mérite d'être étudiée.

Si la fermentation avec l'emploi du maximum d'acide (1 1/2) donnait après la fermentation un excès d'acide développé se rapprochant de la quantité développée avec la dose : de 1 0/0, on en conclurait que la dose de 1 1/2 n'est pas suffisante et il serait nécessaire de faire une nouvelle série d'expériences avec 2 ou 2 1/2 p. c. d'acide sulfurique et de s'arrêter parmi ces dosages à celui qui donnerait le moins d'acide développé.

Le dosage de l'acide après fermentation est donc un guide sûr pour reconnaître la meilleure dose d'acide sulfurique à employer dans les fermentations de mélasse ; mais il est indispensable pour obtenir des nombres exacts d'éviter la formation de l'acide acétique qui se produit aux dépens de l'alcool surtout vers la fin de la fermentation, on y parvient en opérant la fermentation dans l'appareil qui sera indiqué plus loin.

Il arrive quelquefois que la fermentation ne se produit pas; même après vingt-quatre ou quarante-huit heures on ne remarque aucun dégagement de gaz; cela tient particulièrement dans le plus grand nombre de cas à la présence, dans la mélasse, de nitrites de potasse ou de soude; les mélasses d'exosmose présentent surtout ce caractère, mais il se produit également dans les mélasses égout de 3° jet.

L'addition de l'acide sulfurique dans ces mélasses met en liberté de l'acide nitreux peu stable qui se décompose en bioxyde d'azote gazeux qui se dégage en acide hyponitrique dont une partie se dissout dans la dissolution de mélasse et paralyse complètement l'action du ferment. Il arrive quelquefois que la fermentation n'est que momentanément paralysée; après une agitation du liquide à l'air, répétée à plusieurs reprises, la fermentation finit par se déclarer; mais la levure ayant perdu une partie de son énergie, il est rare que la fermentation devienne complète. Il est préférable de considérer cet essai comme nul et de le recommencer.

Lorsqu'une mélasse à essayer présente ce caractère, elle doit être soumise à une ébullition préalable après l'avoir additionnée de son volume d'eau et de l'acide sulfurique nécessaire à la fermentation; après une ébullition qui doit être prolongée pendant un quart d'heure, les vapeurs nitreuses se sont dégagées, et la dissolution refroidie, complétée au volume qu'elle doit avoir, la fermentation s'y produit comme avec la mélasse ordinaire.

Si la quantité d'acide sulfurique employée n'était pas suffisante pour décomposer toute la quantité de nitrite qui se trouverait dans la mélasse soumise à l'essai, il pourrait arriver que malgré cette ébullition, la fermentation n'eût pas lieu ; alors il faudrait augmenter la quantité d'acide sulfurique. Cependant il ne faudrait pas employer l'acide sulfurique sans ménagement, par exemple à des doses qui seraient supérieures à la quantité nécessaire pour la saturation des bases combinées aux acides organiques contenus dans la mélasse elle-même; en effet, si l'acide sulfurique restait libre même en petite quantité, la fermentation n'aurait pas lieu, l'acide sulfurique ayant la propriété de paralyser complètement l'action du ferment.

Je n'ai jamais rencontré, malgré une longue pratique, de mélasse ne fermentant pas, après une ébullition préallable de 15 minutes avec une quantité suffisante d'acide sulfurique.

Cependant, M. Durin, dans une note lue à l'assemblée générale des chimistes de sucrerie et de distillerie le 10 mai 1883, à Amiens, a signalé des cas d'altération de mélasse où l'emploi de l'acide sulfurique était plus nuisible qu'utile. Ces mélasses provenaient d'une fabrication dans laquelle les liquides sucrés avaient subi en cours de travail une espèce de fermentation que l'on a désignée sous le nom de fermentation grasse dans laquelle il se développe des acides de la série grasse, par exemple de l'acide butyrique, formique, ce qui d'après les expériences de MM. Nerle et Maerker paralyse l'action du ferment.

Ces mélasses, malgré leur bonne apparence, leur richesse en sucre, leur absence de glucose, ne fermentent pas ou fermentent mal et donnent un rendement inférieur au sucre constaté.

Les mélasses qui offrent ces caractères doivent être très rares, mais la possibilité de leur présence justifie complètement le moyen que je propose, de déterminer la valeur des mélasses en distillerie par la fermentation et la distillation; c'est-à-dire par leur rendement en alcool. Le moyen de reconnaître si une mélasse ne peut pas fermenter pourrait-il être autre que la fermentation elle-même?

Évidemment, des mélasses semblables seraient sans valeur pour le distillateur.

Mais en présence d'un semblable produit, la mission du chimiste ne serait pas terminée, il aurait à rechercher les moyens préalables à employer pour rendre ces mélasses fermentescibles; M. Durin conseille un traitement par une petite quantité de chaux dans le but d'éliminer à l'état insoluble la plus grande partie des acides nuisibles et ensuite une légère addition d'acide sulfurique pour rendre la dissolution de mélasse légèrement acide avant sa mise en fermentation.

D'autres moyens pourraient également être essayés au laboratoire, par exemple l'osmose.

L'osmose qui donne à la mélasse osmosée des qualités supérieures pour la fermentation en lui enlevant des sels qui, quelquefois la paralysent complètement et qui dans tous les cas, sont nuisibles, l'osmose, dis-je, pourrait bien éliminer également des sels de la série grasse, en débarrasser la mélasse à peu de frais, la rendre parfaitement fermentescible et lui redonner la valeur commerciale des meilleures mélasses.

On peut comprendre de suite par ce seul exposé, les services que le chimiste peut rendre par l'examen de la mélasse, au fabricant de sucre, en lui faisant connaître la valeur réelle de sa mélasse en distillerie et surtout au distillateur en lui indiquant non seulement la quantité d'alcool qu'il peut en obtenir, mais encore la quantité d'acide sulfurique à employer pour en obtenir le maximum, les difficultés qu'elle peut présenter dans la fermentation et les moyens de les faire disparaitre.

§ III. — Rapport du poids de la mélasse au volume de l'eau dans la fermentation.

Le rapport de la mélasse au volume de l'eau dans la fermentation doit être dans le plus grand nombre de cas de 200 grammes de mélasse par litre de dissolution,

En général, lorsqu'on opère la fermentation sur la mélasse dans le but d'en déterminer le rendement alcoolique, la quantité de mélasse à employer par litre de dissolution doit être calculée pour que le liquide fermenté ne contienne pas plus de 6 0/0 d'alcool par hectolitre de liquide fermenté; autrement il y reste le plus souvent une certaine quantité de sucre qui n'a pas été décomposé par la fermentation.

Si la mélasse soumise à l'essai était très riche en sucre il serait nécessaire, au lieu d'en employer 200 grammes par litre, de réduire cette quantité à 150 grammes.

Lorsqu'on opère sur des sucres bruts, des sucres en grains et des sucres raffinés, il ne faut en employer que 100 grammes.

Lorsqu'on opère au contraire sur des mélasses moins riches en sucre, comme par exemple les mélasses d'exosmose, on ne doit pas dépasser la quantité de 200 grammes par litre, par cette raison que ces mélasses contiennent beaucoup de sels, et les sels étant un obstacle à une bonne fermentation, si l'on augmentait la quantité de mélasse dans un même volume dans le but d'obtenir un liquide fermenté à une richesse alcoolique se rapprochant de celle obtenue dans la fermentation de la mélasse ordinaire, on augmenterait en même temps les difficultés d'une bonne fermentation.

Le volume de la dissolution de mélasse doit être mesuré à la température de 15° centigrades.

§ IV. — Température utile à la fermentation.

Lorsque le volume de la dissolution de mélasse est complété à un litre à 15° de température, on doit en prendre immédiatement le degré à l'aréomètre Baumé ; on doit préférer dans ce cas l'emploi de l'aréomètre Baumé au densimètre de Gay-Lussac par les raisons qui seront indiquées plus loin ; mais la dissolution se trouve à une température trop basse pour une fermentation rapide ; la fermentation doit s'opérer à une température comprise entre 20° et 25° centigrades.

En été, la fermentation peut être abandonnée sans grands inconvénients à la température du laboratoire, quoiqu'il soit toujours préférable de la régulariser ; mais en hiver, il faut indispensablement avoir recours à une étuve qui puisse maintenir le liquide en fermentation à une température minima de 20° et maxima de 25°.

La fermentation peut également avoir lieu de 25° à 30° sans grand inconvénient, mais pour obtenir des nombres régulièrement comparables entre eux, il est préférable de renfermer les fermentations entre 20° et 25°.

Dans tous les cas, il faut éviter une température supérieure à 30° qui amoindrirait les propriétés actives du ferment, et si le liquide en fermentation atteignait par mégarde cette température, le rendement en alcool en serait altéré et l'expérience devrait être recommencée.

§ V. — Quantité et qualité du ferment employé.

Le ferment qui doit être employé dans les fermentations de laboratoire, est la levure de bière fraîche, pressée, n'adhérant pas aux doigts, se rompant facilement sans s'émietter, provenant d'une fabrication de bière sans l'emploi du glucose fabriqué par les acides.

La dose à employer est de 5 0/0 du poids de la mélasse, soit 10 grammes par litre de dissolution à mettre en fermentation. Cette dose est beaucoup plus élevée que celle employée dans l'industrie; mais elle est nécessaire dans le laboratoire pour éviter de prolonger pendant trop longtemps la fermentation.

La levure doit toujours être ajoutée lorsque le volume de la dissolution de mélasse a été complété.

Il existe dans le commerce diverses levures, surtout à Paris, que l'on considère de qualité supérieure, à cause de leur fermeté et de leur blancheur; cela peut être vrai pour la boulangerie où ces levures sont généralement employées, mais il faut se garder d'en faire usage dans les essais de laboratoire, malgré leur belle apparence, ces levures contiennent une assez grande quantité d'amidon dont il est facile de constater la présence. Il suffit pour cela de prendre 20 grammes de cette levure, de la délayer peu à peu dans son volume d'eau en y ajoutant successivement, lorsqu'elle est bien délayée, une nouvelle quantité d'eau jusqu'à 100 cc. en agitant constamment avec une baguette de verre, puis on laisse déposer.

Il se forme bientôt deux couches de matière épaisse l'une plus blanche, plus solide, qui occupe le fond du verre, due principalement à de l'amidon, l'autre couche plus grise qui se trouve au-dessus, moins solide, est due à de la levure; il suffit d'imprimer au verre à expérience, un mouvement giratoire pour remettre la levure en suspension, on la décante et la couche d'amidon plus solide reste au fond du verre.

On reconnaît que cette couche est due à de l'amidon en la touchant avec une baguette de verre qui a été préalablement plongée dans la teinture d'iode, il s'opère immédiatement au contact de l'iode une coloration bleue.

Il arrive également quelquefois que la levure de bière livrée à l'industrie a été mélangée par fraude, de fécule de pommes de terre ; ce moyen peut toujours être employé pour en déceler la présence.

En résumé, on ne doit employer dans ces essais que de la levure de bière dont on connaît parfaitement l'origine et la pureté.

§ VI. — Détermination de la richesse alcoolique du liquide fermenté.

Lorsque a fermentation est terminée, comme il est indiqué plus loin, il suffit de prendre une partie de la dissolution fermentée, soit par exemple 300 cc. et de les soumettre à la distillation dans un petit alambic d'essai.

On retire par distillation un volume déterminé de liquide distillé, soit le tiers du volume mis en distillation et l'on en détermine la richesse alcoolique à la température de 15° à l'aide de l'alcoolomètre étalon à bas degré de Gay-Lussac.

Le liquide obtenu de la distillation n'est pas homogène dans toutes ses parties, les dernières parties qui se sont écoulées du serpentin contiennent moins d'alcool. Il est indispensable avant d'y plonger l'alcoolomètre, de bien mélanger le tout, ce que l'on fait facilement en bouchant avec la main l'éprouvette qui le contient et en imprimant au liquide un mouvement de haut en bas plusieurs fois répété.

Il arrive souvent que le liquide distillé se trouve au-dessous ou au-dessus de 15° centigrades. Gay-Lussac a établi une table de correction qui ramène à 15° le volume de l'alcool existant dans un liquide distillé ayant une température supérieure ou inférieure à 15°.

La quantité d'alcool indiquée par l'alcoolomètre ramenée à 15° de température divisée par 3, donne la richesse en alcool à 100° en volume du liquide distillé.

Il existe un moyen empirique de se rendre compte de la quantité d'alcool formé pendant la fermentation de la mélasse.

Ce moyen consiste : 1° à constater le degré à l'aréomètre de Baumé de la dissolution de mélasse complétée au volume qu'elle doit avoir à 15° de température et avant la mise en levure.

2° A constater le degré Baumé de la dissolution lorsque la fermentation est terminée, la levure déposée et le liquide éclairci,

Les degrés Baumé disparus par la fermentation représentent la richesse alcoolique du liquide fermenté, c'est-à-dire qu'un degré à l'aréomètre Baumé disparu, représente 1 0/0 d'alcool en volume dans le liquide fermenté.

Si, par exemple. la dissolution de mélasse marquait avant la fermentation à l'aréomètre Baumé. . . . .   8°2 à 15°

et après la fermentation. . . . .   3°

Les degrés disparus étant de. . . . . .   5°2

Le liquide fermenté doit contenir. . . .   5°2 0/0 d'alcool.

soit. par hectolitre de liquide fermenté en alcool . . . .   5 litres 2/10.

Ce moyen empirique souffre si peu d'exceptions dans la fermentation de la mélasse, que si la richesse alcoolique accusée par l'alambic d'essai ne correspondait pas au nombre de degrés disparus de l'aréomètre Baumé, il y aurait lieu d'en rechercher les causes soit dans les pertes possibles en alcool pendant la distillation, ou par défaut de précision des instruments employés, et, en l'absence de ces causes, dans un état anormal de la mélasse.

Mais, si toutes les précautions ont été prises pour assurer une distillation exacte, si les instruments employés sont également exacts, le volume de l'alcool obtenu par distillation correspondra exactement aux degrés disparus par la fermentation.

§ VII. Détermination du rendement en alcool et de la richesse en sucre de la mélasse.

La distillation à l'alambic d'essai a établi la richesse alcoolique du liquide fermenté ; si donc cette richesse alcoolique a été trouvée de 5 litres 5 0/0 en volume, le litre de liquide fermenté contenant 200 grammes de mélasse, renfermera 55 centimètres cubes d'alcool à 100°.

Pour ramener ces nombres au rendement en alcool de 100 kil. de mélasse, on y arrive par le calcul suivant :

$$\frac{0.55 \times 100}{0.20} = 27.5$$

soit rendement en alcool par 100 kilog. de mélasse, 27 litres 50.

Lorsqu'on veut traduire ce rendement alcoolique en sucre pur, dans le but de comparer la quantité de sucre accusé par les différents procédés d'analyse employés pour son dosage, on peut se servir du coefficient 56 du sucre pur donné par M. Dubrunfaut, on y arrive par le calcul suivant :

$$\frac{27.50 \times 100}{56} = \text{sucre pur } 491.1 \text{ p. 0/0}$$

Mais on n'est pas obligé d'employer le coefficient 56 pour base de la transformation du rendement alcoolique en sucre pur ; en effet, il est préférable de déterminer soi-même ce coefficient alcoolique qui peut varier suivant l'exactitude et la précision des instruments employés. Il est un moyen certain de s'assurer de la précision de ces instruments. En effet, une dissolution de sucre pur contenant 100 gr. de sucre par litre, mise en fermentation dans les mêmes conditions indiquées ci-dessus pour la mélasse, doit donner après la fermentation complète, un liquide fermenté qui, soumis à la distillation, accuse, si l'alcoomètre employé est juste, une richesse alcoolique de 5,6 en volume, soit par 100 kilog. de sucre pur 56 litres d'alcool à 100°.

Si l'alcoolomètre n'est pas exact et que la fermentation étant complète, l'alcoolomètre ne marque que 5.4, on pourra en conclure que le coefficient alcoolique constaté à l'aide de ces instruments n'est que de 54; il faudra le prendre pour base de la transformation du rendement alcoolique en sucre pur aussi longtemps que l'on se servira de ce même instrument.

Il est donc préférable, au lieu d'adopter le coefficient 56 de faire une fermentation avec le sucre pur, en opérant dans les mêmes conditions qu'avec la mélasse, de déterminer la richesse alcoolique du liquide fermenté à l'aide de l'alambic d'essai et de se servir de cette richesse alcoolique pour transformer le rendement en alcool de la mélasse en sucre pur et établir la comparaison entre les divers procédés de dosage du sucre, le saccharimètre, la méthode cuprique après inversion et la fermentation.

§ VIII. Détermination de la valeur commerciale de la mélasse.

Il n'est pas nécessaire d'avoir recours à la transformation en sucre du rendement alcoolique pour apprécier la valeur commerciale de la mélasse entre fabricants de sucre et distillateurs, il suffit d'en connaître le rendement alcoolique, tel qu'il vient d'être déterminé et de le prendre pour base de transaction.

Ainsi l'on peut admettre comme base, que la mélasse marchande doit donner un rendement de 25 litres d'alcool à 100° au laboratoire, par 100 kilog., que toute quantité d'alcool en sus de 25 litres sera payée en plus du prix, et que toute quantité d'alcool en moins en réduira le prix dans la même proportion.

Comme exemple, si l'on admet que le prix de 100 kilogrammes de mélasse rendant 25 litres d'alcool à 100° est de 12 francs, si l'essai au laboratoire établit un rendement alcoolique de 28 litres, la valeur de la mélasse sera trouvée par le calcul suivant :

$$\frac{12 \times 28}{25} = 13,44$$

Dans ce cas la valeur de la mélasse sera de 12 fr. 44 centimes p. c. k.; si le contraire se produit, si l'essai n'accuse que 23 litres d'alcool, le calcul suivant donnera pour valeur à cette mélasse :

$$\frac{12 \times 23}{25} = 11.04$$

Dans ce cas la valeur de la mélasse par 100 kilogrammes sera de 11 fr. 04 centimes. Comme on le voit, ce moyen de déterminer la valeur des mélasses est très simple, il ne suffit plus pour le réaliser, que d'appliquer à la fermentation et à la distillation, les prescriptions qui viennent d'être indiquées dans les conditions suivantes.

§ IX. — Description d'une opération de fermentation et de distillation donnée comme exemple.

La fermentation de mélasse à essayer doit être exécutée sur un litre de dissolution. — A cet effet on prend un vase gradué de 1 litre, soit de préférence une carafe à col étroit marquée d'un trait horizontal dans le col à la hauteur de la capacité de 1 litre à 15° centigrades.

On pèse dans cette carafe 200 grammes de la mélasse à essayer, on y ajoute environ 200 centimètres cubes d'eau distillée et l'on imprime à la carafe un mouvement giratoire dans le but d'opérer un mélange parfait de l'eau et de la mélasse, on y ajoute la quantité de liqueur acide normal nécessaire pour saturer exactement l'alcali libre contenu dans la mélasse, quantité qui a dû être déterminée par une expérience préalable sur une autre portion de la mélasse par un essai avec la liqueur alcalimétrique de Gay-Lussac (1), puis on y ajoute la quantité d'acide

---

(1) La liqueur alcalimétrique de Gay-Lussac contient 5 grammes d'acide sulfurique monohydraté par 100° de la burette alcalimétrique ou par 50 centimètres cubes.

sulfurique que l'on juge nécessaire à la fermentation, soit 20° alcalimétriques contenant 1 gramme d'acide sulfurique par 100 grammes de mélasse soit 40°, pour la quantité de mélasse employée dans l'expérience, on mélange bien le tout en continuant d'ajouter de l'eau distillée de manière à ce que le niveau de la dissolution se rapproche du trait horizontal qui indique le litre, mais soit toujours au-dessous ; alors on prend la température du liquide en y plongeant un thermomètre ; si la température est supérieure à 15°, on plonge la carafe dans un vase rempli d'eau sortant du puits, dont la température doit être inférieure à 15° centigrades et l'on suit avec le thermomètre en agitant, de temps en temps, le moment où le liquide dans la carafe est descendu à 15° ; on complète alors le volume de 1 litre avec de l'eau distillée jusqu'au trait de jauge, puis on mélange bien le tout en plaçant la main sur l'ouverture du goulot et l'on renverse et relève la carafe à plusieurs reprises en prenant les précautions nécessaires pour ne pas perdre de liquide.

Alors la dissolution est homogène dans toutes ses parties ; elle contient 200 grammes de mélasse par litre et l'on peut en prélever un volume déterminé et même en perdre sans altérer le poids de la mélasse au volume de la dissolution, ce qui aurait pu avoir lieu, avant que ce volume n'ait été complété à 1 litre.

C'est à ce moment qu'il est utile de constater le degré à l'aréomètre de Baumé de la dissolution, et ensuite d'y ajouter la levure de bière.

La quantité de levure à employer est de 5 0/0 du poids de la mélasse, soit 10 grammes par litre.

La levure étant pesée, on la place dans un verre à expérience, on y ajoute à peu près son volume de la dissolution de mélasse contenue dans la carafe, et l'on y délaye la levure à l'aide d'une baguette en verre ; lorsque le tout est homogène on y ajoute successivement de nouvelles quantités de dissolution jusqu'à environ 100 centimètres cubes en mélangeant bien le tout de manière à empêcher la formation de grumeaux ; on verse ensuite le contenu du verre dans la carafe ; on mélange comme la première fois en bouchant la carafe avec la main et en la renversant à plusieurs reprises.

On vide ensuite la dissolution dans le vase à fermenter qui doit être un flacon à petite ouverture d'environ 1 litre 1/4 de capacité ; on y ajoute ensuite 2 à 3 centimètres cubes d'huile d'œillette ou d'olives destinée à empêcher la mousse produite par la fermentation de s'élever jusqu'au col du flacon ; l'on bouche le flacon avec un bouchon de caoutchouc muni d'un tube en S, contenant un index de mercure, tel qu'il sera figuré dans la suite, et l'on met à l'étuve le flacon ainsi disposé.

Si l'on fait plusieurs expériences en même temps avec des doses d'acides variables, cet acide doit toujours être ajouté avant que la dissolution soit complète au volume de 1 litre.

La température de l'étuve doit être maintenue le jour et la nuit pendant tout le temps de la fermentation de 20 à 25°. Bientôt la fermentation se développe, ce que l'on reconnaît à l'index de mercure qui se trouve en agitation continuelle de va-et-vient dans le tube en S de manière à permettre le dégagement du gaz acide carbonique, tout en empêchant la rentrée de l'air dans le flacon ; cette disposition fort simple est indispensable pour prévenir la formation de l'acide acétique par l'action de l'oxygène de l'air sur l'alcool formé.

Lorsque la fermentation est complètement terminée, ce que l'on reconnaît à ce qu'il n'existe plus aucune tension de gaz dans le flacon ; que l'index de mercure n'est plus agité, qu'il ne forme plus de bulles de gaz au sein du liquide fermenté, que la levure s'est déposée au fond du flacon, enfin, comme dernier caractère le plus important de tous, que le liquide fermenté ne change plus de densité, ou conserve pour la même température le même degré à l'aréomètre Baumé, pendant un intervalle d'au moins deux ou trois jours.

Pour que l'on puisse se rendre compte de la marche d'une fermentation, je vais donner l'exemple suivant d'une fermentation de mélasse opérée dans ces conditions.

Les 200 grammes de mélasse, étendus dans leur volume d'eau ont exigé pour la saturation complète de l'alcali libre qu'elles contenaient en degrés alcalimétriques . . . .   37°

Il en a été ajouté pour la saturation. . . . .   50°

La dissolution complétée au volume de 1 litre, marquait à l'aréomètre Baumé, avant la fermentation . . . .   8°9 à 15°

Mise en levure, elle marquait :

> Après 1 jour, 24 heures . .   6.8
> — 2 jours, 48 heures. . .   4.5
> — 3 jours. 3.9
> — 4 jours. 3.8
> — 5 jours. 3.7
> — 6 jours. 3.7
> — 8 jours. . . . .   3.7 à 15°

La fermentation était évidemment complète. Les degrés Baumé disparus étaient de 8°9 — 3°7 = 5°2.

Lorsque la fermentation est ainsi terminée, on doit constater dans le liquide fermenté :

1° Le titre acide libre ;

2° La richesse alcoolique.

1° On constate l'acide libre avec une liqueur tirée de soude caustique équivalant, degré pour degré, à la liqueur alcalimétrique de Gay-Lussac ; à cet effet on prend 200 centimètres cubes du liquide fermenté et l'on y ajoute la liqueur alcaline titrée jusqu'à neutralité parfaite et l'on constate le nombre de degrés employés.

L'expérience faite a accusé. . . . .   11°

ce qui correspond par litre de liquide fermenté

à $11 \times \dfrac{1{,}000}{200}$ = 55°, soit acide existant . . . .   55°

La quantité d'acide avant la fermentation était de . .   50°

La quantité d'acide développée est donc de . . . . .   5°

soit pour 100 grammes de mélasse de $\dfrac{5°}{2°}$ = ...   2°5

Cette quantité d'acide développée pendant la fermentation est minime et permet de considérer comme un bon dosage la quantité d'acide employée avant la fermentation.

2° Pour déterminer la richesse alcoolique du liquide fermenté on le distille dans l'appareil d'essai dont nous donnons la description dans le chapitre IX.

CHAPITRE TROISIÈME

TRAVAIL DE LA MÉLASSE

---

§ I. — Fermentation des mélasses.

Le point capital dans la fabrication est d'obtenir tout l'alcool que la mélasse est susceptible de rendre, et sous ce point de vue, il reste encore beaucoup à trouver.

Nous donnerons ici les résultats des travaux d'un de nos meilleurs chimistes du Nord, M. Corenwinder, qui a fait faire un grand pas à la fermentation des mélasses.

Nous emprunterons, pour expliquer sa méthode, la description qu'il en a faite.

« La fermentation des mélasses s'opère généralement de la manière suivante :

» On commence par étendre la mélasse avec de l'eau, jusqu'à ce que le mélange ait une densité de 105,5 à 106 et une température de 22° centigrades en été, 24° en hiver. On y ajoute ensuite de l'acide sulfurique, puis de la levure de bière, délayée au préalable dans de la dissolution de mélasse déjà étendue.

» La quantité d'acide sulfurique que l'on emploie dans cette opération varie suivant les vues de l'industriel. Par suite d'une longue pratique de cette industrie et d'expériences chimiques multipliées, nous avons adopté pour provoquer la fermentation des mélasses de betteraves, par 100 kilog. de mélasse à 40 degrés Baumé :

1 kilog. 500 de levure pressée (1);

1 kilog. 500 d'acide sulfurique à 66°.

» Avec ces proportions, que nous avons dû rarement modifier l'on obtient une fermentation régulière et un rendement maximum d'alcool bon goût.

» L'acide que l'on emploie dans cette opération a non seulement pour but de saturer les bases, mais il faut encore qu'il y en ait un léger excès dans le moût pour opérer la transformation du sucre cristallisable en sucre déviant à gauche la lumière polarisée, état sous lequel le premier doit passer avant de se transformer en alcool (2).

» D'après nos recherches, on peut apprécier expérimentalement la quantité d'acide nécessaire pour opérer convenablement la transformation du sucre en alcool : il suffit de déterminer, à l'aide d'une liqueur alcaline titrée, l'acidité, avant la fermentation, du moût préparé, et celle du même moût lorsque la fermentation est terminée. Il importe nécessairement que cette modification ait suivi son cours d'une manière régulière, car si le vin était devenu fortement acide, il y aurait alors dans les manipulations un vice

---

(1) D'après nos analyses, une bonne levure de bière desséchée au préalable à 11° contient :

Azote. 8.864 0/0
Acide phosphorique . . . . . 0.987 »

Les cendres ne renferment qu'une très faible proportion de chaux. Ce caractère, ainsi que nous l'avons fait observer il y a longtemps, est particulier encore au pollen des fleurs, à la liqueur séminale et à la laitance des poissons.

(2) Cette transformation préalable ne s'effectue pas, *tout d'une pièce*, au commencement de la fermentation, comme on pourrait le supposer; elle a lieu successivement et suit une progression dont les termes nous paraissent variables.

En examinant de deux heures en deux heures, à l'aide d'un saccharimètre, du jus de betteraves en fermentation, nous y avons trouvé, à chaque observation, du sucre susceptible d'être interverti par les acides, c'est-à-dire du sucre de betteraves non encore modifié. Deux heures avant la fin de la fermentation, la quantité de sucre *intervertissable* était encore fort sensible. Nous entrerons ailleurs dans plus de détails à ce sujet.

qu'il faudrait rechercher. La différence entre la seconde détermination et la première, si elle est sensible, fait connaître la quantité d'acide sulfurique qui équivaut à la proportion d'acides organiques formée. Il suffit, dès lors, pour empêcher complétement ou à peu près cette formation d'acides organiques, d'augmenter de cette différence la dose primitive d'acide sulfurique destinée à favoriser la fermentation.

» Empêcher la production des acides organiques pendant la fermentation est une chose très essentielle, car non seulement ils se forment aux dépens de l'alcool et diminuent d'autant le rendement, mais encore lorsque le vin est soumis à la distillation, ces acides agissent sur l'alcool, produisent des éthers très volatils, qui augmentent considérablement la quantité d'esprit mauvais goût qui coule au commencement de la rectification. L'alcool bon goût lui-même n'est pas parfait; il conserve une odeur piquante qui le fait rejeter par les consommateurs.

» On peut objecter évidemment que l'addition d'une quantité un peu forte d'acide minéral dans le moût de mélasse tend à produire plus de sulfates et à diminuer d'autant la quantité d'alcalis carbonatés dans les salins que l'on fabrique ultérieurement avec les vinasses résidus de la distillation. Cet inconvénient est réel, mais il a peu d'importance du moment qu'en prévenant la formation des acides organiques, on obtient un rendement plus élevé en alcool et des produits d'un goût plus recherché.

» Aujourd'hui, beaucoup de distillateurs de mélasse ont adopté la méthode de fermentation continue, c'est-à-dire qu'ils versent graduellement le moût additionné d'acide et de levure dans la cuve, après avoir mis dans celle-ci une certaine quantité de vin prélevée dans une autre cuve en pleine fermentation.

» La fermentation de la mélasse étant terminée, on procède à la distillation de l'alcool, puis à la rectification.

» Les résidus de la distillation sont évaporés ensuite et incinérés dans des fours; on obtient ainsi un salin qui est gris, léger, poreux, lorsqu'il est bien préparé.

» On peut évaluer approximativement que 1,000 grammes de

vinasses sortant de l'appareil à distiller peuvent produire 27 à 28 grammes de salin brut, dont la composition varie suivant l'origine des mélasses.

» Dans le tableau suivant, nous avons représenté des analyses de salin brut de mélasses, faites par différents chimistes ou par nous-même.

COMPOSITION COMPARATIVE

DES SALINS BRUTS EXTRAITS DES MÉLASSES DE BETTERAVES.

ÉLÉMENTS	ALLEMAGNE	DÉPARTEMENT DU PUY-DE-DÔME	DÉPARTEMENT DE L'AISNE	DÉPARTEMENT DU NORD
Carbonate de potasse.	33.71	55.82	45.30	30.37
Carbonate de soude .	14.20	5 54	13.86	21.49
Chlorure de potassium	15.52	8.85	17.02	19.31
Sulfate de potasse . .	8.05	17.59[1]	8.00	10.91
Eau, charbon, matière insoluble.	18.52[2]	15.28	15.28	17.92
	100.00	100.00	100.00	100.00[3]

§ II. — Addition de sirops de grains dans les fermentations de mélasses, pour diminuer la dépense de levure.

Les distilleries de mélasses bien montées emploient aujourd'hui le saccharificateur sous pression du système Colani et Kruger, dans lequel elles réduisent à l'état de sirop, par la cuisson sous pression en présence d'eau et d'acide sulfurique, soit des grains ou même des résidus de féculerie de pommes de terre. (Voir au volume : *la Distillation des grains*, la description de cet appareil.)

Les sirops ainsi obtenus sont mélangés aux fermentations de

---

(1) La proportion de sulfate de potasse ne dépend pas seulement de la betterave ; elle varie, dans les salins, suivant la quantité d'acide sulfurique employée pour mettre les mélasses en fermentation.

(2) Cette potasse brute était mal cuite; elle contenait 12 0/0 de charbon. Elle eût été nécessairement plus riche si elle avait été mieux incinérée.

(3) Les chiffres relatifs aux départements de l'Aisne et du Nord représentent les moyennes de plusieurs analyses.

mélasse, *et fournissent à celles-ci la majeure partie de la levure et l'acide sulfurique nécessaires à un bon travail.* La quantité de maïs, de riz, de seigle ou d'autres grains ainsi employés varie de 6 à 10 pour cent du poids de la mélasse; certaines fabriques mettent même une proportion plus grande; il n'y a pas d'inconvénients à l'augmenter, si les grains employés sont à un prix qui permette de les distiller.

§ III. — Innovation dans la distillerie des mélasses,
par G. Czeczetka, à Prague.

Dans les distilleries bien conduites, on obtient de 20 à 30 litres d'alcool absolu par 100 k. de mélasse, y compris le levain ; mais il est possible d'atteindre couramment de 31 à 33 litres. Pour arriver à ce résultat, il faut tirer parti de tous les facteurs favorables.

Les sucreries considèrent la mélasse comme un produit secondaire ; et, pour ce motif, elles ne veillent pas suffisamment à la propreté de ce résidu lors de la mise en dépôt et de la conservation. Il résulte de là que la mélasse contient toute une série d'organismes fongiques qui se développent rapidement quand la mélasse vient à être diluée. Du reste, ces organismes ou champignons de décomposition paraissent exercer une certaine action, même quand la mélasse est à l'état concentré ; ils ont la propriété, dans des conditions données, de décomposer le sucre en divers acides. Dans une mélasse conservée et observée pendant deux ans, j'ai constaté, à des intervalles de 6 en 6 mois, une augmentation graduelle de l'acide butyrique et de l'acide formique.

On objectera que dans le commerce il ne se trouve guère de mélasse conservée si longtemps. Mais, par contre, les distillateurs conservent presque toujours ces produits dans des citernes maçonnées qu'on vide et qu'on nettoie rarement et que souvent on recouvre d'une manière défectueuse. L'action des organismes fongiques peut dès lors se développer.

Dans la mélasse on trouve aussi des acides gras, dont la dose peut atteindre jusqu'à 20 0/0.

D'habitude, on se borne à aciduler la mélasse et à la porter à la température de mise en train, pour provoquer ensuite la fermentation par un levain énergique. Les rendements en alcool obtenus par ce moyen sont très variables. Les acides gras volatils sont mis en liberté par l'acide sulfurique ou l'acide chlorhydrique employé pour aciduler le moût ; ces acides gras volatils agissent alors, sur les cellules de la levure, d'une manière de plus en plus nuisible à mesure que le moût de mélasse, pendant la marche de la fermentation, perd de son sucre. L'action contraire aux cellules de levure entrave peu à peu, comme on le sait, la décomposition du sucre ; le moût fermente incomplètement et le rendement en alcool en est affaibli.

M. E. Bauer, ayant reconnu cet inconvénient, s'abstenait de neutraliser les moûts de mélasse, comme on le fait d'habitude, jusqu'à réaction faiblement acide; il laissait les acides gras volatils combinés à leurs bases, préférant conserver dans le moût les sels gras, bien moins nuisibles que leurs acides volatils devenus libres. Le rendement en alcool y gagnait. Il est clair que l'on fait mieux encore en tuant les champignons secondaires et éliminant *avant la fermentation* les acides gras volatils contenus dans la mélasse.

Dans ce but, j'ai essayé un procédé qui a donné d'excellents résultats. Pour tuer les organismes fongiques, j'ai traité la mélasse, étendue de 1/3 d'eau, avec de la vapeur pure à 2 atmosphères de pression. J'acidulai l'eau avec de l'acide sulfurique dans des proportions telles que, pour neutraliser 100 c. m. c. de mélasse acidulée, il fallait 1 c. m. c. de soude normale.

Après une demi-heure ou une heure de l'action de la température élevée sur la mélasse, les organismes fongiques se trouvaient exterminés. Par une disposition analogue à celle qui sert à former, à l'aide des puits artésiens, des cloches d'eau, la mélasse, soumise à 2 atmosphères de pression, était lancée en nappe mince dans la cuve à moût. Un ventilateur servant d'aspirateur lançait aussi au dehors les vapeurs sortant en gros nuages de la mélasse déchargée de la pression. De cette façon je réussissais à éliminer les acides gras volatils et libres et même éventuellement l'acide azoteux libre.

Le traitement à la vapeur de la mélasse acidulée avait une autre conséquence avantageuse : après l'application de la vapeur, la proportion de dextrose se trouvait sensiblement plus élevée qu'avant. C'est que la mélasse contient des proportions variables d'hydrates de carbone qui se transforment aisément, par l'action de l'acide sous pression, en produits décomposant la liqueur de Fehling, c'est-à-dire réduisant l'oxyde de cuivre. L'excédent du rendement en alcool peut partiellement s'expliquer par cette inversion.

Le traitement à la vapeur de la mélasse diluée et acidulée avait donc trois conséquences assez précieuses : 1° extermination des organes fongiques ; 2° évaporation des acides gras volatils ; 3° inversion des hydrates de carbone facilement inversibles et contenus dans la mélasse à l'état de non-sucre.

La cuisson à la vapeur peut s'effectuer dans un vieux générateur mis hors de service, qu'on munit d'un tuyau d'arrivée et d'un tuyau de vidange, avec un robinet à air et un manomètre. Le tuyau de vapeur s'adapte à la partie inférieure de la chaudière et l'on y pratique, dans le sens de sa longueur, plusieurs ouvertures d'un demi-centimètre, à travers lesquelles la vapeur se répartit dans la mélasse. Cette chaudière (ou cuiseur) doit être revêtue de substances calorifuges ; en tous cas il faut la préserver des causes de refroidissement.

Pour charger la chaudière de mélasse diluée et acidulée, on y fait arriver un peu de vapeur en laissant ouvert le robinet à air ; puis on ferme celui-ci. Par la condensation graduelle, il se forme lentement un certain vide qui aspire la mélasse.

Pour que la chaudière se charge ainsi, il suffit qu'elle ait une capacité supérieure de 10 à 12 0/0 au volume de mélasse à aspirer. La pression intérieure suffit aussi à la vidange, et jamais on n'a besoin de recourir à la vapeur du générateur pour achever l'évacuation.

Les flegmes ou alcools bruts provenant de moûts de mélasse, traités de cette façon, sont exceptionnellement purs et faciles à rectifier, ce qu'il faut attribuer tant à la marche si propre de la fermentation qu'à la circonstance heureuse par laquelle les substances volatiles de mauvaise odeur s'évaporent et s'échappent pendant la vidange de la mélasse chauffée à la vapeur.

On ne devra pas appliquer la vapeur sans diluer préalablement la mélasse, car autrement il y aurait décomposition de sucre même à l'état acidulé.

§ IV. — Levure de mélasse.

D'après le journal illustré des brevets d'Autriche-Hongrie, MM. Gustave Claudon et Charles Vigreux, à Paris, ont fait breveter un procédé pour la production et l'obtention de levure active, dite levure de mélasse, au moyen de liquides sucrés provenant de grain, mélasse ou betterave à sucre.

Des moûts de grains saccharifiés par des acides sont ajoutés aux liquides de mélasses pour la production de levure fertile. Pour la mise en fermentation, on refroidit à 18° C. Après le rassemblement de la levure, qu'on peut produire jusqu'à une quantité de 5 00/00 du poids des betteraves à sucre, on chauffe de nouveau le moût à 26° C., pour abréger la durée de la fermentation.

§ V. — Expériences sur la fermentation des moûts de mélasse.

Nous croyons que nos lecteurs trouveront une utilité pratique à connaître les travaux de M. G. Heinzelmann sur la fermentation des moûts de mélasse, que nous traduisons de la *Zeitschrift für Spiritusindustrie*. Ce sont des essais de laboratoire dont l'industrie peut avantageusement profiter :

« Par suite de la revision du travail d'une distillerie de mélasse en Silésie, où le rendement en alcool était suffisant par rapport à la quantité de mélasse travaillée, mais insuffisant par rapport à la capacité de la cuve-matière, j'ai fait dans notre laboratoire des essais en petit avec trois échantillons de cette mélasse afin de constater, d'une part, s'il était nécessaire de

travailler des moûts plus épais; d'autre part, s'il y avait moyen
de faire disparaître la fermentation difficile de l'une des sortes
de mélasse qu'on travaillait précisément à cette époque. Les
moûts de mélasse fermentés que j'ai analysés dans ladite distillerie se faisaient remarquer par une augmentation de l'acidité
qui, dans la plupart des cas, de 0,3° qu'elle était à la fin de la
fermentation, s'élevait dans l'intervalle jusqu'à la distillation à
2,0-2,3°; le sucre était néanmoins fermenté.

La quantité de l'acide était encore la même après la mise en
service d'une levure tout à fait nouvelle; on devait donc admettre que les germes de la fermentation acide se trouvaient dans
la mélasse même. Les moûts étaient mis en fermentation général-
lement avec 22° B. à 19° R.; ils s'échauffaient jusqu'à 29-30° R.,
et la densité était descendue après la fermentation à 80 0/0 B.,
avec une teneur en alcool de 8,0 0/0 du volume. Ils étaient
préparés par un mélange des mélasses I et II et d'eau, mais, à
cause de la fermentation difficile de la mélasse II, on n'en pouvait prendre que quelques quintaux par hectolitre. On n'avait
pas encore travaillé la mélasse III et on m'a recommandé de le
faire avec un échantillon à moût épais parce qu'il y en avait de
grandes quantités. Pour cette raison j'ai fait le premier essai
avec cette mélasse, et, mettant à profit les moyens auxiliaires
dont nous nous servons dans la fermentation des moûts épais de
pommes de terre — température chaude au début et maintien
d'une température modérée pendant la fermentation, — j'ai été
surpris de la forte concentration avec laquelle on peut travailler et
du rendement élevé qu'on peut tirer de la contenance de la cuve.

Toutefois, afin de se préserver de tout dommage, on fait bien
de vérifier, par des essais en petit, la force fermentative de chaque
mélasse avant de l'acheter. Lorsque les résultats des essais ci-des-
sous auront été vérifiés dans la pratique, je ferai connaître un
mode de procédé dont les résultats, en petit, concordent à peu
près avec ceux de la pratique.

Pour tous les essais, on a pris 500^{cmc} de mélasse délayée à
l'eau.

Numéro des ESSAIS	1er jour de fermentation					2e jour		3e jour		4e jour, avant la distillation.						OBSERVATIONS
	Quantité de levure.	Quantité du malt.	Degrés Saccharine.	Acidité du moût.	Température.	Acide carbon. dégagé.	Température.	Acide carbon. dégagé.	Température.	Degrés Saccharine.	Acidité du moût.	Température.	Acide carbon. dégagé.	Total de l'acide carb.	Teneur alcoolique.	
	G.	G.	° Ball.	O	° R	G.	° R	G.	° R	° Ball.	O	° R	G.	G.	% vol.	
Mélasse II 1	2.0	15.0	21.6	0.3	20	22.0	27.0	14.0	29.0	6.3	0.8	29.0	...	36.0	9.2	
2	2.0	15.0	21.6	0.8	20	25.5	27.0	11.0	29.0	6.3	1.0	29.0	...	36.5	9.2	
3	1.0	15.0	21.6	0.8	23	19.5	22.5	20.0	22.5	8.1	1.2	22.5	5.0	41.5	10.8	
4	4.0	15.0	26.2	0.8	23	28.5	22.5	15.0	22.5	7.9	1.2	22.5	1.5	45.0	11.0	
5	2.0	15.0	26.2	0.3	23	26.0	22.5	10.5	22.5	7.7	1.0	22.5	8.5	45.0	11.0	
6	2.0	15.0	26.2	0.8	23	25.0	23.5	17.0	22.5	7.8	1.2	22.5	3.0	45.0	11.1	
7	2.0	15.0	26.2	0.7	23	27.5	22.5	15.0	22.5	7.8	1.1	22.5	2.5	45.0	11.0	Ébullition avant le refroidissement.
8	6.0	15.0	29.3	0.4	23	33.0	22.5	15.0	22.5	9.1	1.1	22.5	2.0	50.0	12.3	
9	3.0	15.0	29.3	0.4	23	24.5	22.5	19.5	22.5	9.3	0.7	22.5	7.0	50.0	12.2	
10	2.0	7.5	29.3	0.4	23	16.5	22.5	10.5	22.5	11.2	0.9	23.0	10.5	45.5	11.1	La fermentation n'était pas encore terminée; dans la 2e nuit, la température était descendue à 10°R.).
11	3.0	7.5	29.3	0.4	23	20.5	22.5	17.5	22.5	10.6	0.9	23.0	9.0	47.0	11.4	
Mélasse II 12	2.0	7.5	22.2	0.3	20	3.5	27.0	8.0	29.0	15.2	2.4	28.0	5.0	16.5	4.0	Fermentation faible.
13	2.0	7.5	22.2	1.0	20	7.0	27.0	18.5	29.0	7.9	1.2	28.0	8.5	34.0	8.8	Fermentation complétement achevée.
14	2.0	7.5	29.5	0.8	23	4.0	22.5	10.0	22.5	19.2	1.1	23.0	12.5	26.5	6.2	
15	2.0	15.0	29.5	0.8	23	8.0	22.5	15.5	22.5	16.0	1.1	23.0	13.5	37.0	8.6	
16	3.0	7.5	29.5	0.8	23	5.0	22.5	11.5	22.5	19.0	1.0	23.0	12.0	28.5	6.7	
17	2.0	7.5	29.5	0.8	23	9.0	22.5	18.5	22.5	13.7	1.2	23.0	13.0	41.0	9.7	Fermentation non achevée; ébullition avant le refroidissement.
Mélasse I 18	2.0	7.5	22.1	0.9	20	16.0	27.0	18.0	29.0	7.4	1.0	28.0	0.5	34.5	8.7	Fermentation complétement achevée.
19	2.0	7.5	27.4	0.4	20	11.0	27.0	23.5	29.0	12.3	0.7	28.0	6.0	40.5	10.0	Cessation de la fermentation.
20	2.0	7.5	28.4	0.4	20	11.5	27.0	23.0	22.5	11.8	0.9	23.0	8.0	42.5	10.4	Fermentation faible.
21	2.0	15.0	28.4	0.4	23	20.5	22.5	18.5	22.5	10.6	0.8	23.0	6.5	45.5	11.2	Fermentation non achevée.
Mélasse II 22	2.0	5.0 _(drèches)_	30.2	0.8	23	14.0	23.0	15.5	22.5	15.3	1.0	23.0	8.0	37.5	9.3	Fermentation faible.
23	2.0	10.0	30.2	0.8	23	13.0	23.0	15.0	22.5	16.0	1.0	23.0	9.0	37.0	9.0	d°
24	2.0	5.0	29.2	0.5	23	19.5	23.0	14.5	22.5	12.0	1.0	23.0	7.5	41.5	10.2	d°
Mélasse I 25	2.0	5.0	30.3	0.8	23	8.0	23.0	14.5	22.5	18.5	1.2	23.0	8.5	32.0	7.9	d°
26	2.0	10.0	30.3	0.8	23	10.5	23.0	14.5	23.0	17.6	1.2	23.0	9.0	34.0	8.6	d°

L'étude de ce tableau nous apprend que la mélasse III, avec une concentration d'environ 22° Ball, était fermentée déjà après quarante-huit heures (essais 1 et 2) ; que la quantité de levure pour une concentration d'environ 26° Ball (essais 3 à 6) ainsi que l'ébullition n'exerçaient pas une grande influence, et que, même aux concentrations plus élevées, la quantité de malt qui doit fournir à la levure les substances nourricières joue seule un rôle.

Les essais 22 à 27 prouvent que les drêches dépouillées de substances nourricières, qui ont été ajoutées aux moûts de mélasse très concentrés, empêchent la fermentation complète par suite du manque de substances nourricières azotées pour la levure, telles qu'on les trouve dans le malt. La question de la nécessité d'une certaine quantité de drêches pour obtenir une fermentation complète des moûts a été discutée déjà à plusieurs reprises.

La fermentation difficile de la mélasse II a cédé à une acidification plus forte du moût moyennant une addition d'acide sulfurique (essais 12 et 13) ; la cause n'en pouvait donc pas être attribuée à la présence d'acides gras volatils qui, par suite d'une plus forte addition d'acide, l'auraient entravée encore plus ; on se trouvait simplement en présence d'une certaine teneur en bactéries qui se développaient plus rapidement que la levure et entravaient la croissance de cette dernière. — Les images microscopiques le faisaient reconnaître immédiatement, et la teneur en acide l'indiquait déjà.

Tandis que dans l'essai 12 l'acide a augmenté de 2,1° depuis la fin de la fermentation jusqu'à la mise en distillation, l'augmentation dans l'essai 13 n'était que de 0,2° ; dans l'image microscopique 12 on a remarqué d'innombrables bactéries, lesquelles étaient isolées dans l'image 12. La cause de la fermentation difficile étant connue, l'ébullition du moût devait tuer les bactéries et assurer une fermentation normale, ce qui a été confirmé par l'essai 17.

L'acide volatil se présente dans les mélasses dans des proportions variables dont la détermination ne fournit absolument aucun point de repère pour la fermentation facile ou difficile des mélasses. 100 grammes de chacune des mélasses ont été délayés dans de l'eau acidifiée avec 20^{cmc} d'acide phosphorique officinal et distillés à l'aide d'un jet de vapeur. Dans la plupart des cas, la distillation n'a pu être arrêtée qu'après l'obtention de 2 litres de produit distillé, parce que des acides volatils passaient constamment dans ce dernier.

Pour neutraliser le produit distillé de la mélasse I, il a fallu 24,5^{cmc}; pour celui de la mélasse II, 11 ^{cmc}, et pour celui de la mélasse III, 17 ^{cmc} de solution de soude normale; il s'ensuit que précisément la mélasse à fermentation difficile contenait le moins d'acide volatil. Les trois mélasses avaient une réaction alcaline.

Les essais faits avec la mélasse I devaient confirmer la nocuité de températures élevées pendant la fermentation (essais 19 et 20). Les températures usuelles dans la pratique, de 27 à 20° R dans la fermentation principale, sont trop élevées; elles ne devraient être que de 22 à 23° R. (essai 21).

La question qui se pose maintenant est de savoir comment ces chiffres peuvent être utilisés dans la pratique pour obtenir des résultats plus élevés dans la distillerie de mélasses. Il n'y a pour ainsi dire plus de distillerie de pommes de terre qui n'ait un serpentin refroidissoir pour faire fermenter les moûts très riches en sucre. Par conséquent on ne doit pas hésiter, dans une distillerie de mélasses, d'en faire également l'acquisition, même s'il en faut un distinct pour chaque cuve. Il faut que les moûts puissent être mis en fermentation à 23° R., et que le refroidissement commence aussitôt que la température augmente.

Dans le cas où la quantité de malt vert pour la préparation du levain destiné à la fermentation de moûts de mélasse concentrés ne suffit pas, on obtiendra, par une addition de son de froment ou de son de seigle, le double résultat d'augmenter dans le levain la quantité de substances nourricières — la force fermentative du levain étant en raison directe de sa teneur en azote — et d'augmenter aussi la quantité de drèches dans le moût, lesquelles, par leur mouvement constant dans le moût, font l'office d'un agitateur. Dans le cas où la quantité de levure usuelle dans la pratique serait insuffisante, on pourrait y suppléer en préparant de bonne heure un moût à levain plus concentré ou en ajoutant de la levure pressée, quand on peut s'en procurer à bon compte.

Toutefois, l'acquisition d'un serpentin à eau froide reste toujours la première condition.

J'ai déjà fait remarquer plus haut qu'on ne peut appliquer à toutes les mélasses la même mesure ni leur poser les mêmes exigences. Des essais en petit nous renseigneront toujours sur la valeur de la mélasse.

J'espère que ces communications seront, pour les hommes de la pratique, une incitation à faire des essais dans le même sens, et j'ai la ferme conviction que le résultat sera rémunérateur.

CHAPITRE QUATRIÈME

DISTILLATION ET RECTIFICATION DES ALCOOLS DE MÉLASSE

I. — Colonne à distiller. — Chauffage tubulaire appliqué à la distillation des mélasses.

Le mode le plus simple de chauffage des colonnes distillatoires est celui qui consiste à introduire directement la vapeur des générateurs dans le pied de ces colonnes.

Nous adoptons ce mode pour la distillation de tous les produits, excepté pour celle des mélasses provenant des sucreries de betteraves, où il est urgent d'éviter le mélange des vapeurs d'eau, qui viendraient étendre la masse liquide des vinasses. En effet, ces vinasses devant être concentrées, pour en extraire les sels de potasse, on doit éviter d'augmenter la proportion d'eau qu'elles contiennent.

On a pendant longtemps, et nous aussi, chauffé les colonnes distillatoires de distilleries de mélasses au moyen de serpentins plus ou moins bien faits, dans lesquels on fait passer la vapeur des générateurs. Ces serpentins avaient le défaut de se salir, et plus encore de se détériorer promptement : *ils étaient posés dans une chaudière située sous la colonne, et nécessitaient le démontage de tout l'appareil, quand il fallait les tirer de là, pour les réparer.* Enfin, il fallait établir des chaudières solides d'un grand prix, capables de supporter le poids de la colonne et du liquide qu'elle contient. Nous avons combiné une disposition qui obvie avantageusement à ces divers inconvénients. Elle est représentée par les figures 1 et 2 en élévation extérieure et coupe intérieure.

Cette disposition *est tubulaire, elle est posée à côté de la colonne* et a l'avantage de pouvoir s'appliquer aux appareils que nous avions d'abord construits et livrés pour distiller le jus de betteraves : de plus, *le nettoyage et la réparation des tubes contenant les vinasses sont faciles en démontant le joint* u v. — On pourrait même, dans les grandes usines, avoir une partie tubulaire G de rechange pour le cas de réparations urgentes.

La vapeur de chauffe des générateurs arrive du régulateur de vapeur F par le conduit *i*; elle se jette autour de la paroi exté-

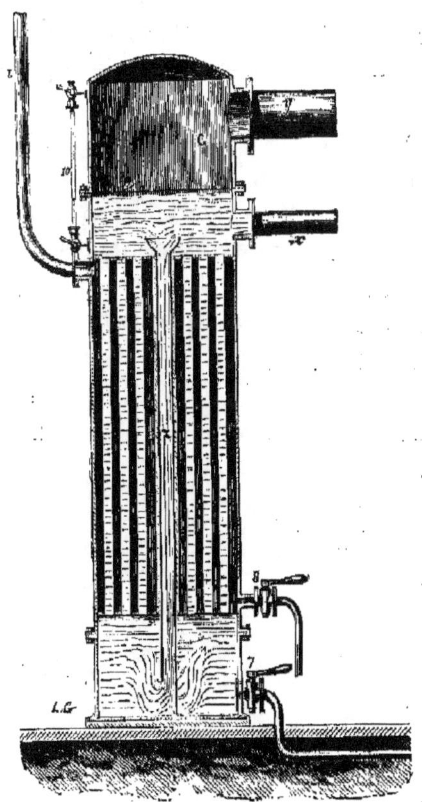

Fig. 1. — Vue intérieure du système de chauffage tubulaire pour les colonnes Savalle appliquées à la distillation des mélasses.

rieure des tubes de chauffage ; elle cède son calorique à la vinasse contenue dans les tubes, et sort condensée par le robinet de purge 8, pour traverser un extracteur de vapeur condensée, ou encore pour rentrer directement dans les générateurs, si la différence de son niveau est assez élevée au-dessus de ces derniers.

Les vinasses arrivent à continu de la colonne, par le tube x, emplissent la série tubulaire et sortent à continu par le robinet 7 ; un tube niveau d'eau 10 sert à régler la vinasse dans le système de chauffage, et les vapeurs produites se rendent à l'appareil distillatoire par le conduit recourbé y, qui sert en outre à abattre les mousses entraînées par l'évaporation. Un gros tube z, situé au milieu du faisceau tubulaire, aide la circulation de la vinasse, qui est élevée par l'ébullition à la partie supérieure des tubes, et ramenée par l'entonnoir et le tube z à la partie inférieure du tubulaire.

On emploie aussi dans certains cas au chauffage de ce tubulaire, les vapeurs perdues d'échappements des machines.

Ce système de chauffage, dont le prix vient nécessairement s'ajouter à celui de l'appareil, est peu coûteux, en proportion de la dépense nécessitée par les chaudières en cuivre et les serpentins, qu'il remplace très avantageusement.

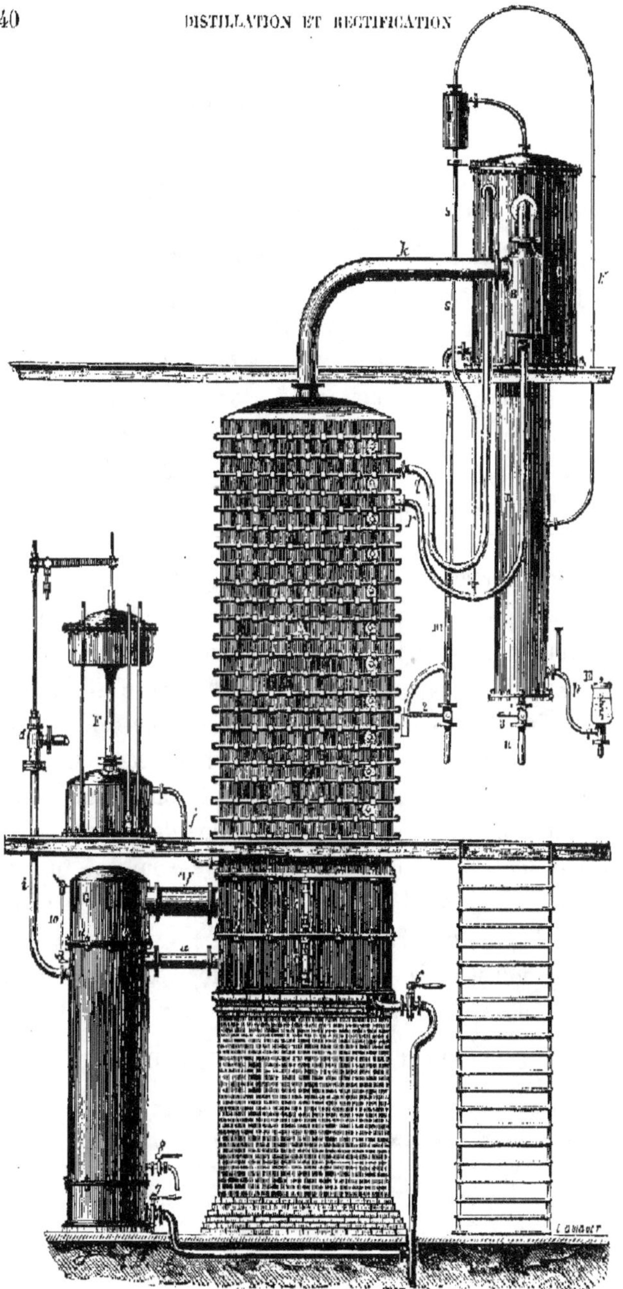

Fig. 2. — Colonne distillatoire rectangulaire en cuivre avec chauffage tubulaire appliqué
à la distillation des mélasses provenant des sucreries de betteraves.

§ II. — Les appareils à rectifier.

Toutes les opérations de la fabrication sont également très importantes, l'extraction du jus, la fermentation et la distillation des flegmes ; chacune de ces opérations a pour but principal d'obtenir le plus grand rendement d'alcool brut ; la quatrième opération, qui est la rectification des flegmes, est aussi extrêmement importante, car c'est elle qui donne la *qualité* à l'alcool ; — tandis que les opérations précédentes ont surtout en vue la *quantité*.

La rectification qui donne à l'alcool une plus-value (prime) qui peut s'élever jusqu'à *trente pour cent* (30 0/0) de la valeur de la marchandise, a donc un intérêt capital dans la fabrication de l'alcool.

Selon que la rectification des flegmes se fera dans de bonnes ou mauvaises conditions, l'usine peut travailler en perte ou faire des bénéfices considérables. C'est dire que le choix de l'appareil rectificateur a une importance considérable, car c'est de lui que dépend la finesse, la pureté, le cachet, dirons-nous, de l'alcool.

Entrer dans la description complète et raisonnée des appareils rectificateurs nous entraînerait beaucoup trop loin, car ce sont les instruments de précision de la fabrication de l'alcool. — Nous renverrons donc le lecteur au fascicule de cet ouvrage qui traite spécialement de la *Rectification*, et dans lequel se trouve exposée la théorie de cette importante opération.

Nous reproduisons (fig. 5) une gravure représentant le nouveau rectificateur méthodique système Savalle.

LÉGENDE DU RECTIFICATEUR MÉTHODIQUE (Fig. 5).

A. — Chaudière en cuivre contenant l'alcool à rectifier.
B. — Colonne rectangulaire.
C. — Condenseur.
D. — Réfrigérant.
E. — Régulateur à vapeur.
F. — Eprouvette.
G. — Réservoir à eau froide.

H. — Réservoir à flegmes.
I. — Tuyau de pression.
J. — Pompe à eau.
m. — Tuyau de vapeur d'échappement de machine allant au serpentin.
n. — Sortie des huiles.
o. — Tuyau de charge de la chaudière.
t. — Tuyau de vapeur directe allant au serpentin.
1. — Soupape de vapeur.
2. — Sortie de condensation de vapeur directe.
3. — Sortie de condensation de vapeur d'échappement de machine.
4. — Robinet à 3 eaux pour la charge et la vidange de la chaudière.
5. — Robinet de vidange.
6. — Robinet pour le lavage de la colonne.

Cette légende nous dispense de décrire le fonctionnement de l'appareil, qui mérite de fixer l'attention de tous les fabricants désireux de produire des alcools de première marque.

§ III. — Régulateur automatique de chauffage des colonnes distillatoires et des rectificateurs Savalle.

Le régulateur de vapeur, qui est aujourd'hui universellement adopté dans les distilleries, est une des plus belles créations de M. Désiré Savalle. Ce précieux instrument n'est pas seulement une garantie contre les dangers que peut faire courir l'irrégularité de la pression de la vapeur à l'intérieur des appareils, mais il concourt puissamment à la perfection du produit par la régularité du chauffage.

M. Aloïs Schœnberg, dans son excellent journal le *Populäre Zeilschrift für Spiritus und Presshefe-Industrie* (Gazette populaire de l'industrie des alcools et de la levure), a fait ressortir avec beaucoup de science et de sens pratique le service que rend le régulateur Savalle. Nous reproduisons la traduction de cet intéressant article :

« Pour obtenir l'épuisement constant, complet, du moût soumis à la distillation ou, en d'autres termes, pour obtenir tout l'alcool contenu dans le moût arrivant à distillation, l'uniformité de la distillation joue, à côté des autres conditions bien connues, un rôle des plus importants, et nous sommes convaincus que beaucoup de praticiens ont déjà constaté souvent qu'une distillation irrégulière, tantôt trop rapide, tantôt trop lente, produit toujours une perte de rendement.

» La même chose a lieu dans la rectification des alcools, mais dans une mesure beaucoup plus prononcée encore, personne ne le contestera ; et ici, à la perte sur la quantité, vient se joindre une autre perte très considérable dans la qualité du produit. On sait que l'on obtient dans la rectification de l'alcool quatre produits différents : les huiles de fusel, la tête, la queue et l'alcool bon goût. Le produit de distillation qu'on obtient en premier lieu n'est pas pur ; on le nomme la tête ; puis, vient l'alcool bon goût, après lui la queue et, pour finir, les huiles de fusel. Or si, dans la chaudière de l'appareil, il y a dès le commencement de la rectification une trop forte pression de vapeur, nous obtiendrons une proportion extrêmement élevée de tête, ce qui est déjà très désavantageux, en ce sens qu'il faut la soumettre à une rectification nouvelle. Si, maintenant, pendant que passe l'alcool bon goût, survient subitement un excès de pression de vapeur, ce qu'on ne peut éviter, et si le conducteur de l'appareil ne s'en aperçoit pas, il passera plus ou moins d'huile de fusel avec l'alcool, et la qualité de la marchandise en souffrira notablement ; l'excès de pression de vapeur dans la chaudière de l'appareil à rectifier ne durât-il que trois ou quatre minutes, et même moins, cela suffit pour gâter une grande quantité de produit fin. Enfin, si l'accroissement de pression de vapeur survient peu de temps avant la fin du passage de l'alcool bon goût, il passe naturellement du fusel en quantité ; le conducteur de l'appareil est alors forcé de laisser le reste de la distillation pour la queue, ce qui est une nouvelle cause de dommage.

» On objectera que le conducteur est cependant là, qu'il n'a d'autre tâche que d'observer la marche de l'appareil. Mais que l'on veuille bien considérer qu'un chargement demande ordinairement, pour passer par la rectification, vingt-quatre heures ou plus, et si même on relève le conducteur au bout de douze heures, nous croyons qu'il n'existe pas d'homme capable de surveiller mécaniquement pendant tout ce temps sans interruption — même pendant la nuit — la marche de l'appareil, alors que, ainsi que nous l'avons vu, il suffit de quelques minutes pour vicier la qualité du produit fin.

» Le conducteur de l'appareil surveille d'ordinaire exactement la marche de l'appareil au commencement et peu de temps avant la fin de l'opération. Pendant le passage de l'alcool bon goût, il ne l'observe que de temps en temps. Généralement un conducteur a à surveiller deux, trois appareils, et même plus, et, dans ces conditions, il lui est presque impossible de donner à chaque appareil l'attention voulue, à moins d'avoir un régulateur.

» Pour donner une preuve plus palpable encore de ce que nous venons de dire, nous ajouterons que, à notre connaissance, aucun appareil de rectification dépourvu de régulateur à vapeur ne produit un alcool réellement fin, convenable sous tous les rapports, tandis que, dans toutes les fabriques où l'on produit une marchandise de cette qualité, on se sert d'un régulateur.

» Nous ne voulons pas dire que le régulateur à vapeur soit la cause de la finesse recherchée du produit; mais il est un des nombreux facteurs qui y conduisent, et nous comptons parler prochainement en détail de ce facteur important, dans l'intérêt même de nos industriels.

» Le régulateur de vapeur a pour but de maintenir une tension toujours uniforme dans le rectificateur ou dans la colonne distillatoire de l'appareil, de sorte que si, par exemple, la vapeur monte dans le générateur et produit ainsi dans le rectificateur ou dans la colonne distillatoire une pression plus forte qu'il n'est nécessaire, l'ouverture à la soupape à vapeur se rétrécit mécaniquement et s'agrandit dans le cas contraire. *Savalle* fut le premier qui reconnut l'importance d'un régulateur à vapeur et aussi le premier qui en ait construit un qui réponde parfaitement au but sans négliger la solidité de construction. »

Voici en outre comment s'est exprimé un homme pratique,

M. J. Pezeyre, au sujet du régulateur automatique à vapeur, dans une de ses communications à la Chambre syndicale des distillateurs de Paris :

» Le régulateur est une application des lois de l'hydraulique essentiellement nouvelle, introduite par M. Savalle dans les appareils de distillation. Il a pour effet de régulariser l'emploi de toutes les forces et toutes les fonctions, et de maintenir les phénomènes qui s'accomplissent dans tous les organes de l'appareil dans des conditions de température et de pressions constantes et indispensables à l'homogénéité, à la bonté du produit et à la vitesse de son écoulement. On évite ainsi de troubler l'opération par des coups de feu violents, dont on n'est jamais maître avec les appareils ordinaires. *Un appareil de distillation privé de régulateur est comme un navire sans boussole, exposé à toutes les chances d'erreurs et d'accidents.* »

Ce régulateur, représenté par la figure 8, est le guide indispensable des appareils, en ce sens qu'il maintient efficacement la pression, la température de la vitesse de circulation des liquides dans les limites les plus favorables au dégagement de l'alcool et à l'élimination des éléments étrangers qui le souillent.

Il a pour organe principal un flotteur C, qui a pour fonction d'ouvrir ou de fermer un robinet de vapeur adapté sur la conduite de chauffage et dont la puissance, augmentée par l'intermédiaire du levier D, atteint 400 kilogrammes, de sorte que ni la poussière ni l'usure du robinet de vapeur ne puissent empêcher son action (les fig. 6 et 7 représentent le régulateur de vapeur avec sa soupape). On verse de l'eau froide dans la chaudière inférieure A, jusqu'au niveau de la tubulure F, par laquelle la pression de vapeur dans l'appareil à régler se transmet au régulateur, par laquelle aussi s'échappe le trop-plein d'eau de la bâche inférieure.

Afin d'assurer toute sécurité au régulateur, l'inventeur a ménagé à A une chambre d'air qui forme matelas entre la vapeur de pression et la couche d'eau ; sous cette pression, l'eau monte par le tube d'ascension B dans la bâche supérieure, soulève à

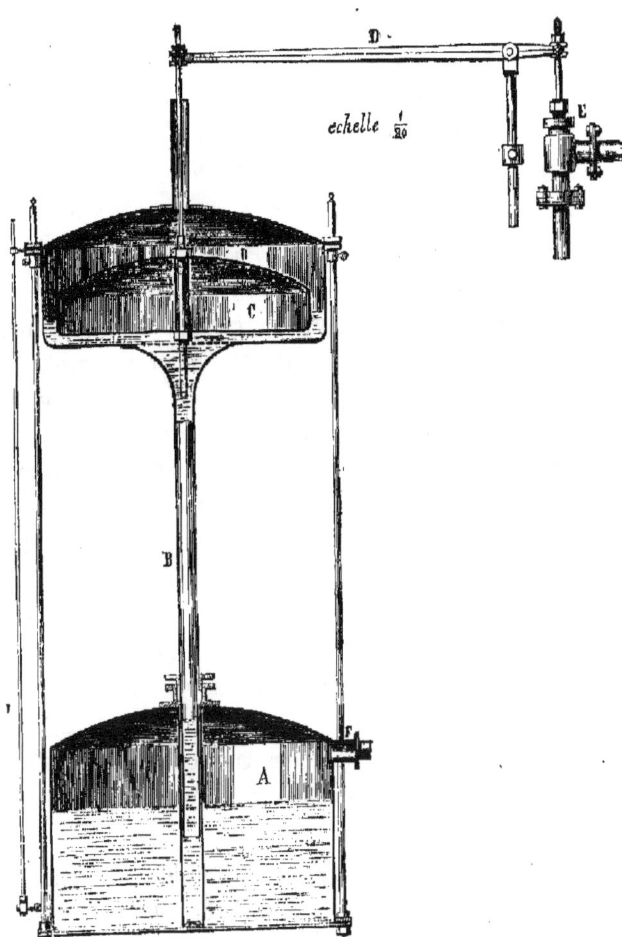

Fig. 6. Régulateur automatique de chauffage des appareils Savalle.

Fig. 7. — Soupape de vapeur du régulateur.

un moment donné le flotteur C, et met en jeu le levier qui ouvre ou ferme la soupape de distribution. Ajoutons que la soupape (fig. 7) est d'une construction toute spéciale ; l'ensemble y est ménagé de telle sorte que la pression se fait équilibre à elle-même, dans une certaine proportion.

Ainsi la soupape, qui a, dans les grands appareils, $0^m,06$ de diamètre, ou une surface de $0^{m2},28$, ne supporte en réalité que sur $0^{m2},02$ la pression de la vapeur, et peut être facilement soulevée par le flotteur. La pratique de chaque jour prouve que ce mécanisme très simple règle la pression à un centimètre d'eau près *(soit à une précision d'un millième d'atmosphère)*. Les appareils qui en sont munis, au nombre de plus de 730, et qui fonctionnent avec une régularité parfaite, produisent un jet continu et abondant d'alcool, à un titre toujours élevé et sensiblement constant ; ils dispensent, pour la conduite des appareils, d'hommes spéciaux, toujours difficiles à rencontrer dans les campagnes.

Comme pièce à l'appui, nous allons faire connaître où et comment a pris naissance le régulateur qui nous occupe, avec les causes des transformations qu'il a subies.

Ce fut en 1846, à la suite d'un grave accident survenu dans son importante distillerie, que M. A. Savalle père sentit la nécessité d'établir des appareils de sûreté pour empêcher le retour d'explosions semblables à celle dont il venait d'être témoin et dont il avait manqué, avec son jeune fils, M. D. Savalle, d'être victime. La cause de l'accident était l'imprudence d'un ouvrier distillateur, qui, contrairement à la recommandation qui lui avait été faite, avait donné trop de vapeur à la chaudière qu'il nettoyait. Le couvercle de cette dernière, maintenu au moyen du joint à pinces, s'était enlevé, et la force de l'explosion avait été si considérable, que le plancher d'un étage supérieur, quoique fortement chargé, s'était soulevé.

Après cet accident, M. A. Savalle fit appliquer aux chaudières de tous ses rectificateurs *des manomètres à air libre, pour indiquer la pression et servir de guide aux distillateurs*. Ces manomètres

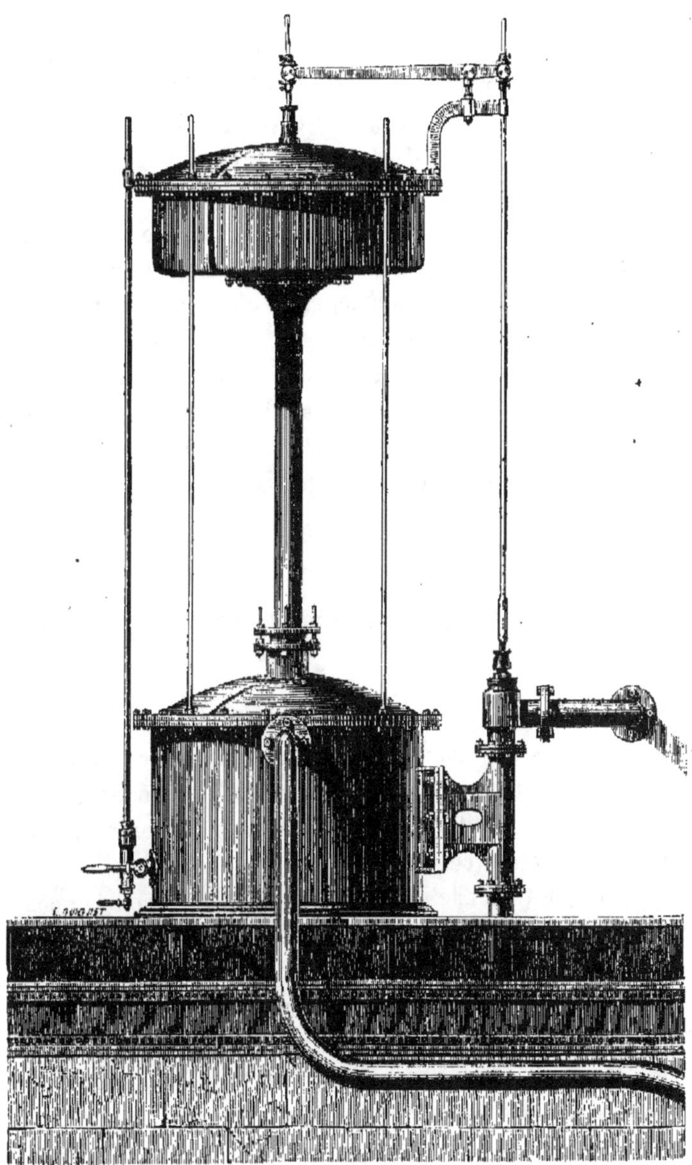

Fig. 8. — Ensemble du régulateur de vapeur tel qu'il est livré aujourd'hui par la maison
D. Savalle fils et Cie.

servirent pendant plusieurs années à indiquer seulement la pression intérieure des chaudières.

Lorsque M. Savalle père organisa sa distillerie à Saint-Denis (Seine), ses manomètres facilitèrent l'éducation à faire des ouvriers distillateurs ; car la plupart de ceux qui se présentaient n'étaient au courant que de l'usage de l'appareil Cail, dont on ne se sert plus aujourd'hui.

M. D. Savalle fils débutait alors dans la carrière de distillateur ; il fut pénétré de la nécessité de l'emploi d'un régulateur de vapeur aux appareils distillatoires et créa ce régulateur qui rend aujourd'hui de si grands services. Cet outil, représenté figure 8, a subi déjà plusieurs transformations, et depuis quelques années, la maison Savalle en a fait un instrument véritablement pratique, à l'abri de tous arrêts par insuffisance de soins ; aussi s'empresse-t-on partout d'adopter ce dernier système.

§ IV. — Nouvelle éprouvette-jauge, système unique.

Parmi les récentes innovations de M. Savalle, l'éprouvette-jauge, dont nous allons entretenir le lecteur, est un des accessoires dont l'importance ne lui échappera pas. Elle s'applique non seulement aux appareils de rectification, mais aussi aux colonnes distillatoires en fonte et en cuivre.

Par sa disposition, elle indique d'une manière exacte la quantité d'alcool que, par heure, peut produire l'appareil, si le travail est fait avec régularité, avantage très important pour les chefs d'usine, qui, de cette manière, contrôlent facilement l'ouvrier chargé de cette opération.

Le principe de sa construction est basé sur l'écoulement différentiel des liquides par un orifice donné, soumis à des pressions différentes ; cette éprouvette a son importance, car elle ajoute aux appareils, déjà si dociles à conduire, un nouveau perfectionnement qui simplifie encore leur surveillance.

La figure 9 représente cette éprouvette, en voici la légende :

B. — Tuyau des alcools arrivant du réfrigérant.
C. — Tubulure en cuivre, munie d'un robinet de dégustation.
D. — Robinet de dégustation.
E. — Éprouvette en cristal, munie de son tube gradué.
F. -- Orifice d'écoulement des alcools.
G. — Réservoir de distribution.
K. — Robinet d'écoulement des alcools mauvais goût, adapté à la partie inférieure du réservoir G.
I. — Robinet des alcools secondaires.
J. — Robinet des alcools de bon goût.

Voici maintenant le fonctionnement de l'éprouvette. L'alcool, arrivant du réfrigérant par le tube B, emplit d'abord la tubulure C, autour du tube gradué F, baigne le petit robinet de dégustation D et monte pour se déverser graduellement par l'orifice d'écoulement pratiqué en F sur le tube gradué. Cet orifice est

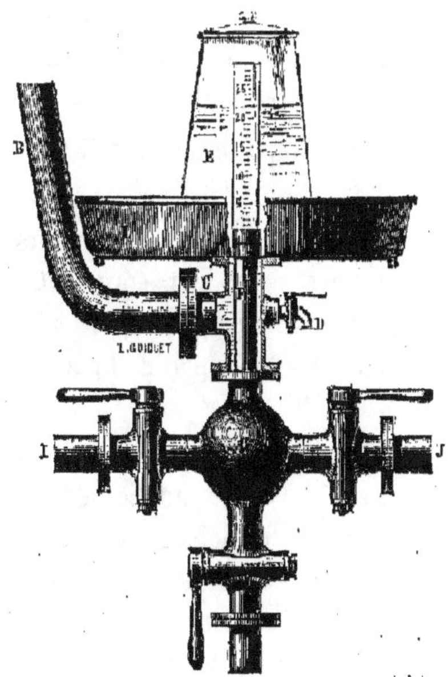

Fig. 9 — Nouvelle éprouvette-jauge, système Savalle.

fixe et se trouve, une fois pour toutes, réglé à la mise en train de l'appareil. N'ayant qu'une section d'ouverture restreinte, le jet d'alcool ne peut y passer en entier sans qu'une pression l'y oblige.

Le niveau du liquide s'élève alors dans l'éprouvette jusqu'au point où la pression qu'il opère sur l'orifice d'écoulement devient assez forte pour faire débiter à l'orifice le volume d'alcool qui arrive. La nappe du liquide dans l'éprouvette subit ainsi des variations de niveau constatées par une gradation, dont chaque division correspond à un volume différent et indique la quantité de liquide écoulée par heure.

Les alcools se rendent à l'éprouvette dans un réservoir de distribution G, muni de trois robinets. Le robinet K communique au réservoir qui doit contenir les alcools mauvais goût ; le robinet I sert d'écoulement au réservoir des alcools secondaires ; le robinet J donne accès aux alcools bon goût. L'on remarquera que ces trois robinets sont disposés de telle sorte que s'il s'échappait la plus petite quantité d'alcool mauvais goût, à la fin d'une opération, elle irait tomber au fond de la boule G, pour se rendre de là par le robinet K au réservoir mauvais goût.

Les perfectionnements apportés au travail par cette éprouvette sont réels.

Un seul point reste à indiquer aux distillateurs et rectificateurs qui voudront eux-mêmes régler leur éprouvette. Ce point est le mode de détermination de l'ouverture qu'il faut donner à l'orifice d'écoulement F, pour chaque appareil différent recevant l'application de cette éprouvette.

L'observation indique que pour un débit de 100 litres à l'heure, en admettant la nappe du liquide dans l'éprouvette à la graduation 15 et que l'écoulement se fasse librement, l'orifice de sortie sur le tube gradué représente 28 millimètres carrés ; on calculera facilement, d'après cette donnée, l'ouverture d'écoulement à fixer pour chacun des appareils auxquels on appliquera l'éprouvette.

Cependant cette proportion ne peut servir que d'approximation, par la difficulté qui existe à établir avec précision des orifices d'une si faible dimension.

Il faut donc établir le trou rond dans le tube F d'une section inférieure à cette proportion ; il faut l'agrandir petit à petit pour arriver à la section voulue, sans la dépasser, car ce serait un travail à recommencer.

L'éprouvette ainsi réglée, on voit immédiatement si l'appareil s'emporte ou ralentit : dans le premier cas, le niveau du liquide montera en débordant par le haut du tube F ; dans le second, la nappe du liquide descendra de un ou plusieurs chiffres de la graduation.

Pour régler l'éprouvette, il faut tenir compte de deux conditions essentielles. La première exige que le réservoir d'eau de condensation soit toujours plein, et son niveau maintenu constant par un tube trop plein qui fonctionne sans interruption, et cela, afin d'avoir une condensation toujours égale.

La seconde condition demande que le distillateur ouvre le robinet d'eau de condensation exactement au point requis pour le bon fonctionnement de l'appareil.

Nous ferons observer que les effets produits par l'agrandissement de la section d'écoulement de l'alcool ne sont pas immédiats ; qu'il faut quelques minutes pour en observer le résultat. Par conséquent, il faut agir petit à petit, et rester au moins vingt minutes à chercher le point de régularité demandée, de manière à se rendre compte des effets de chaque agrandissement de l'ouverture d'écoulement ; sans cela on dépasserait le point voulu ; dans ce cas, on se verrait forcé de recommencer le travail en bouchant partiellement l'ouverture d'écoulement pratiquée en F.

Nous ferons encore remarquer que la moindre fluctuation qui a lieu dans l'alimentation de l'eau de condensation s'aperçoit immédiatement ; même quand elle ne dure qu'un instant, l'éprouvette l'indique et permet aussitôt de porter remède à ce dérangement passager.

La maison Savalle a fait construire depuis peu, par un habile fabricant d'instruments de précision, un nouvel alcoolomètre dont la tige restreinte s'adapte avec aisance à la nouvelle éprouvette. Les degrés de son échelle commencent à 70° pour finir à 100, et ces degrés sont indiqués de manière à pouvoir les reconnaître très facilement. Ce nouvel alcoolomètre est d'une longueur d'environ 0,^{m}14, tient peu de place et est moins susceptible de se briser.

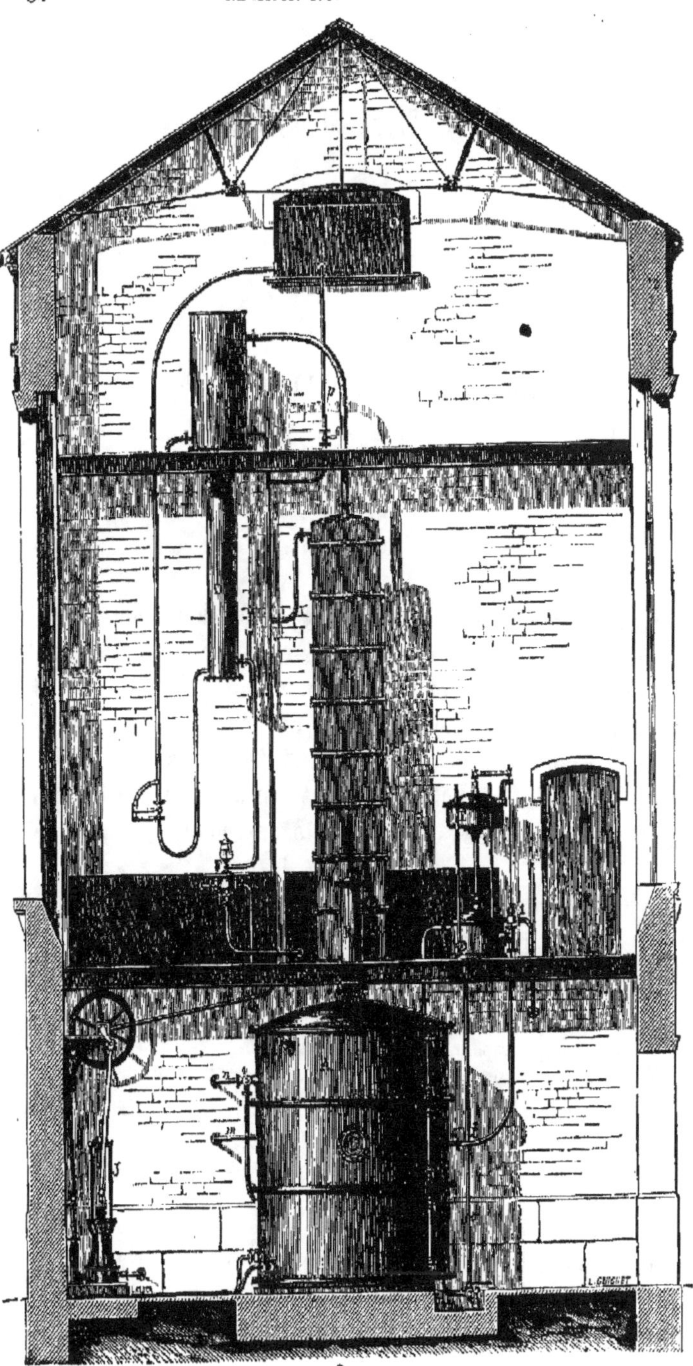

Fig. 5. — Rectificateur méthodique système Savalle.

CHAPITRE CINQUIÈME

ENSEMBLE D'UNE DISTILLERIE DE MÉLASSE

Nous donnons ci-après le plan et l'élévation d'une distillerie
de mélasses avec un four Porion pour l'évaporation des mélasses
et l'incinération des potasses, nous faisons suivre cet ensemble
d'un devis de distillerie travaillant par jour 10,000 kilogrammes
de mélasses et produisant environ 2,800 litres d'alcool fin, et
1,000 kilogrammes environ de potasse brute, c'est l'usine la plus
petite que l'on puisse monter avantageusement.

LÉGENDE D'UNE DISTILLERIE DE MÉLASSE (Fig. 3 et 4).

A. — Générateur de vapeur.

B. — Machine à vapeur actionnant les pompes.

C. — Local de préparation de la mélasse et des grains destinés à la fermentation.

D. — Cuverie pour la fermentation.

E. — Appareil de distillation des jus et de rectification des alcools.

F. — Magasin aux alcools.

G. — Four à potasse.

H. — Cuves en tôle contenant la provision de mélasse pour plusieurs jours.

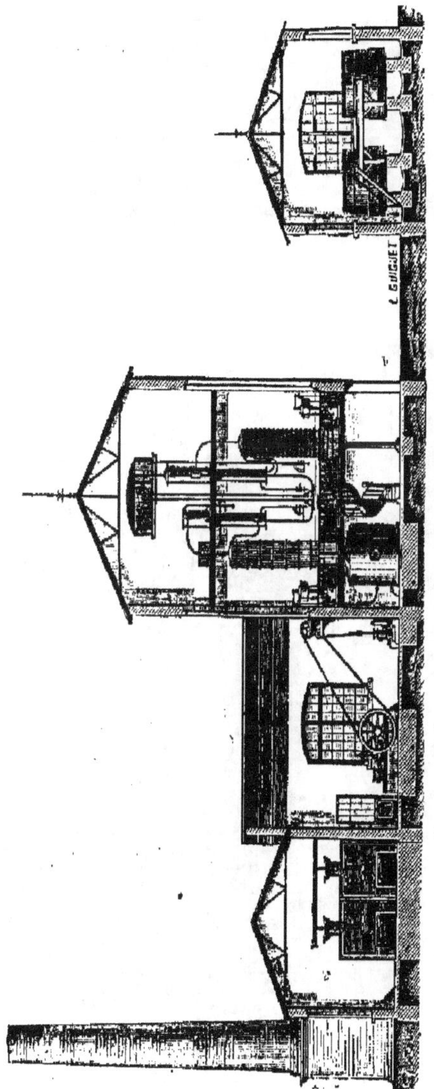

Fig. 3. — Élévation d'une distillerie de mélasses de betteraves.

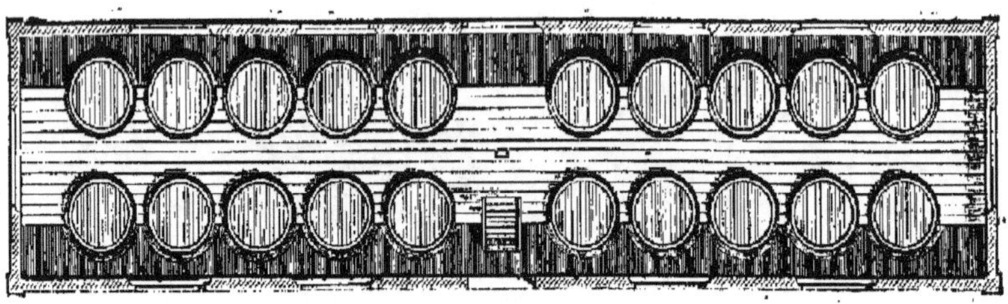

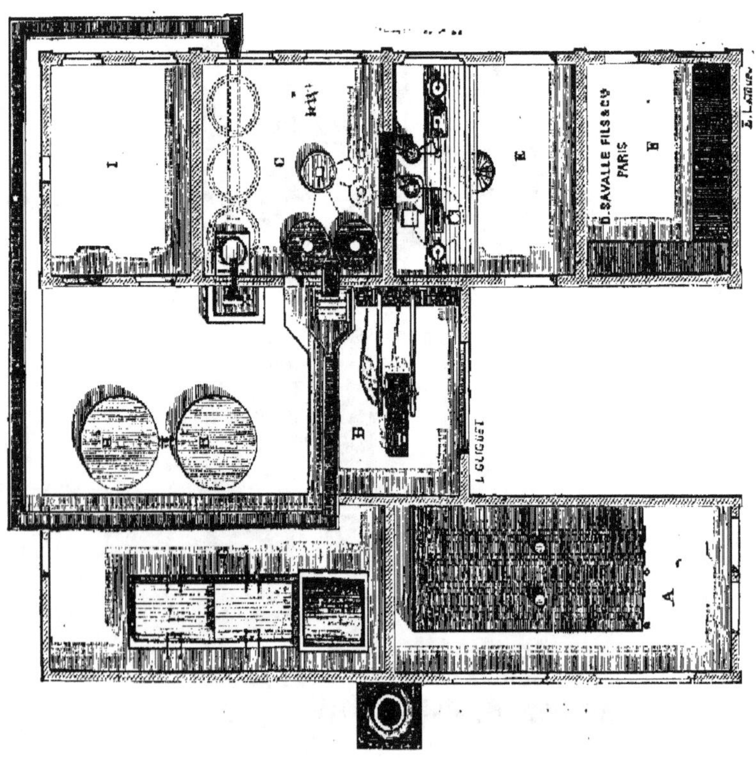

Fig. 4. — Plan d'une distillerie de mélasses de betteraves

§ X. — Devis approximatif du matériel d'une distillerie travaillant par jour 10,000 kilog. de mélasse de sucrerie de betteraves.

1° Force motrice :

Un générateur de vapeur de 80 mètres carrés de surface de chauffe, muni de tous ses accessoires. . . . . Fr.	9.000 »

2° Distillation :

Une colonnes distillatoire n° 5 en fonte de fer et cuivre.	9.500
Chauffage tubulaire pour les vinasses	3.500 »

3° Rectification des alcools :

Un rectificateur n° 4, nouveau système, avec chaudière en tôle.	14.000 »

4° Moteurs :

Une machine de 6 chevaux pour les besoins de la distillerie Une d° d° pour le four Porion, ensemble.	5.500 »

5° Pompes :

Une pompe alimentaire. . . . . Deux pompes à eau froide . . . . Une pompe à jus avec garniture en bronze . . . . . . Une pompe à mélasses	6.000 »
Transmission comprenant : Chaises, paliers, poulies, engrenages, arbre tourné, boulons, etc., environ . .	3.000 »

6° Fermentation :

Deux cuves préparatoires de 50 hectolitres chacune, ensemble	600 »
Huit cuves à fermenter de 125 hectolitres chacune, ensemble	3.600 »

A reporter	34.700 »

Report.	54.700	»
7° Réservoirs en tôle : Environ 10,000 kilog . .	5.500	»
8° Tuyauterie et robinetterie générale, environ	6.000	»
9° Fabrication de la potasse :		
Four à potasse. — Carneau. — Cheminée, etc., environ	20.000	»
Total approximatif . . . . Fr.	86.200	»

CHAPITRE SIXIÈME

FABRICATION DES SALINS ET DE LA POTASSE BRUTE

Les vinasses, résidus de la distillation des mélasses, très riches en sels et matières minérales, peuvent être utilisées de plusieurs manières soit comme engrais, soit pour la fabrication de la potasse, du sulfate d'ammoniaque, du chlorure de méthyle et autres produits.

Quand on monte une distillerie de mélasse, la question de savoir ce que l'on fera des vinasses se pose et doit être résolue.

Deux méthodes d'emploi de la vinasse se présentent dans l'état actuel de la science : 1° fabrication de la potasse par incinération de la vinasse; 2° distillation de la vinasse en vases clos avec production de chlorure de méthyle et de sel ammoniac.

Le premier emploi est le plus simple et est pour ainsi dire indiqué pour les distilleries moyennes; quant aux grandes distilleries qui ne craignent pas de greffer une seconde industrie annexe dans leur exploitation, la distillation de la vinasse pour la production de l'ammoniaque et du chlorure de méthyle est plus avantageuse.

Les vinasses extraites des appareils de distillation, dit Maumené, contiennent presque uniquement des sels, mêlés d'une quantité, relativement assez faible, de matières organiques presque toutes azotées. Il s'y trouve souvent un peu de la variété de chylariose inactive dans

Fig. 10. — Vue générale des fours du système de M. Porion pour la fabrication de la potasse brute.

les saccharimètres, inactive avec les liqueurs cuivro-alcalines,
inactive avec les agents de fermentation. Outre cette substance
non azotée, se trouvent des métapectates et parapectates alcalins,
des acétates, lactates, etc., sels dont les acides ne renferment
pas non plus d'azote. A cette série s'en joint une autre, celle des
matières azotées : asparagine, bétaïne et probablement des dérivés de l'albumine plus ou moins fortement acides et combinés à
la potasse, la soude, l'ammoniaque ; enfin, et pour la plus grande
partie, des sels minéraux, sulfates, azotates, chlorures, etc., etc.

Si l'on considère la teneur moyenne des betteraves en matières
salines 1/100, qui correspondent, avant toute calcination, plutôt
à 4/100 à cause de l'équivalent élevé des substances organiques,
on peut aisément mesurer, *a priori*, la quantité de sels contenus
dans les vinasses.

1,000 kilogrammes de betteraves rendent à peu près 50 de
sucre et 30 de mélasse. Tandis que le sucre contient 2/100 environ de *cendres*, la mélasse en renferme 25 à 30. On a donc :

        50 kilogrammes de sucre à 2/100 . . . 1 kilogramme.
        30   —   de mélasse à 30/100. . 9   —

        1.000   —   de betteraves à 1/100. 10   —
abstraction faite des pertes pendant le travail.

1,000 kilogrammes de betteraves peuvent laisser 9 kilogrammes
de sels dans les vinasses ; on en trouve 7, 5 à 8, c'est-à-dire un
poids presque égal à celui du sucre et de la mélasse réunis. Il
s'en faut de beaucoup que cette énorme masse de sels soit extraite ;
mais, même très réduite, elle est la base d'une industrie considérable.

L'évaporation de la quantité considérable d'eau contenue dans
les vinasses se fait dans des fours spéciaux.

On a fait varier la forme des fours destinés à achever cette
évaporation et à calciner les résidus. Pendant longtemps on a
fait usage du four employé par Dubrunfaut. C'était un four à
réverbère, dont la sole était divisée en deux parties : la première
(dans l'ordre du travail) était la plus éloignée du foyer, la plus
large, et correspondait à la partie la plus surbaissée de la voûte,

au-dessus du sol extérieur; cette chambre est traversée dans le sens de sa largeur par deux arbres de transmission creux et la deuxième, contiguë au foyer, pouvant par suite atteindre aisément la chaleur rouge, correspondait à la partie élevée de la voûte. Un réservoir en tôle placé sur le four recevait les eaux-mères surnageant le dépôt de sulfate de chaux des cristallisoirs et servait en même temps à réchauffer ces eaux et à les verser par une vanne et un tube de fonte au travers de la voûte (ou des parois du fourneau), sur la première sole, où l'évaporation ne tarde pas à être terminée. Quand la pâte saline a pris une consistance suffisante, l'ouvrier introduit un ringard par l'un des soupiraux disposés à l'extrémité du four opposée au foyer et pousse le salin charbonneux par-dessus le premier *autel* dans la deuxième cuve ; bientôt ce salin arrive à la chaleur rouge et peut être extrait par des portes latérales, pour être conduit aux ateliers de lessivage.

Les distilleries de mélasses dépensaient des quantités de charbon considérables pour évaporer l'eau contenue dans les vinasses par un moyen aussi primitif, et pour les porter au degré de densité requis à leur incinération.

M. Eugène Porion, un de nos grands distillateurs du Nord, est venu modifier complètement le travail de la fabrication des potasses brutes, et cela par la création d'un nouveau système de four d'évaporation, *où les chaleurs perdues de l'incinération sont employées à l'évaporation des vinasses ;* on s'imagine aisément l'énorme avantage qui résulte de ce nouveau système. Aussi, s'est-il rapidement propagé dans toutes les distilleries de mélasses de France, de Belgique et de Hollande.

Nous avons demandé et obtenu de M. Porion, pour notre ouvrage, un cliché spécial de son four à potasse, que nous reproduisons dans la figure 10.

Le système de four de M. Eugène Porion se compose de deux parties distinctes. La première, qu'il désigne *carneau d'évaporation,* et qui comprend la moitié du four située du côté de la cheminée, se compose d'une vaste chambre dont le fond est à environ 1^m,20 armé de palettes, qui ont pour fonction de projeter avec force et de réduire à l'état de gouttelettes une couche de vinasse d'environ vingt centimètres, alimentée dans la chambre d'évaporation.

Cette dernière se trouve ainsi remplie d'une pluie de vinasses dont l'évaporation s'opère au moyen des gaz et de la chaleur perdue, qui s'échappe des fours à incinérer. Le produit de l'évaporation est appelé au dehors par la cheminée à grande section située au bout du four.

La seconde partie du système est formée des fours à incinérer, précédés chacun d'un foyer; la vinasse concentrée dans l'évaporateur est introduite dans ces fours et s'y trouve incinérée. Dans l'un des fours représentés (fig. 10), on voit l'ouvrier remuer la potasse pour qu'elle s'incinère bien régulièrement et pour activer l'échappement des gaz qu'elle dégage; d'un autre four, plus loin on voit extraire la potasse; elle est ensuite portée en tas pour achever son incinération, et enfin, lorsqu'elle est refroidie, on la met en barils pour la livrer au commerce. Ces potasses brutes sont achetées au degré de carbonate par les raffineurs de potasse ou par les savonniers.

D'après des expériences sérieuses, faites par des gens désintéressés et dignes de foi, on arrive dans le four Porion à évaporer environ *13 litres d'eau par kilogramme de houille brûlée.* Aucun système d'évaporation n'était jusqu'ici arrivé à ce résultat, puisque dans les générateurs on ne produit que de 5 à 8 kilog. d'évaporation par kilogramme de houille, et que l'on perd nécessairement en transmettant cette chaleur aux appareils d'évaporation.

Nous devons dire quelques mots du four imaginé par M. Wérotte, de Liège, dans lequel on trouve tous les bons côtés du four Porion, augmenté d'une disposition particulière pour remédier au grave défaut de l'entraînement des volatils, des chlorures surtout, qui, en présence des vapeurs d'eau à la chaleur rouge, corrodent les briques et détruisent en peu de temps certaines parties du fourneau.

Voici quelle est la disposition adoptée par M. Wérotte pour obvier à cet inconvénient.

En avant du foyer est construit une grande chambre d'évaporation en briques, à deux compartiments ; la cloison du milieu qui divise la chambre ne descend pas jusqu'au sol ; dans le bas il y a un espace libre qui met en communication les deux compartiments. La chambre est complètement close, sauf les ouvertures nécessaires pour l'entrée et la sortie des gaz du foyer, l'entrée de la vinasse et la sortie de l'eau saline dirigée sur la sole d'incinération.

Le réservoir contenant les eaux-mères est placé juste au-dessus de la chambre d'évaporation.

Ceci expliqué, voici maintenant la marche de l'opération:

Les gaz venant du foyer entrent par le haut dans le premier compartiment de la chambre d'évaporation ; à leur entrée ils rencontrent la vinasse qui tombe en pluie du réservoir placé au-dessus. La haute température des gaz venant du foyer vaporise rapidement cette pluie de vinasse, qui se charge de tous les produits volatils, chlorures et autres. Les gaz sont obligés de descendre pour sortir du premier compartiment, mais dans le bas ils rencontrent une nappe d'eau-mère qui ferme complètement le passage ; pour sortir, les gaz sont obligés de traverser l'eau et de vaincre une pression de quelques centimètres d'eau saline.

A cet effet le vide est produit dans le deuxième compartiment par un ventilateur puissant situé à l'extérieur, bien entendu. Ce ventilateur aspire les gaz du deuxième compartiment ; après qu'ils ont traversé l'eau en barbotant, le ventilateur les chasse dans une cheminée ; les condensations sont recueillies au bas de la cheminée, et il paraît que ces produits ne sont pas sans valeur, et les gaz se dégagent dans l'atmosphère.

D'après M. Maumené, ce système ingénieux donnerait de bons résultats, les dépenses qu'exige la force motrice du ventilateur seraient compensées par une marche régulière, l'obtention de produits volatils perdus dans les autres systèmes, et enfin une conservation plus longue du four qui n'est pas corrodé aussi rapidement.

CHAPITRE SEPTIÈME

UTILISATIONS DIVERSES DES VINASSES

§ 1. — **Distillation des vinasses en vases clos** (1).

Le résidu le plus abondant de la fabrication du sucre de betteraves, la *mélasse*, est aujourd'hui l'une des sources principales de la production de l'alcool ; soumise à la fermentation et distillée, elle laisse comme nouveau résidu un liquide brun, très aqueux, la *vinasse*, qui contient la plupart des matières organiques et minérales du jus de la betterave. Dès l'année 1837, un industriel éminent dont la science déplore la perte toute récente, Dubrunfaut, avait montré tout le parti qu'on peut tirer de cette vinasse pour l'extraction des sels de potasse et de soude qu'elle renferme. Il créa l'industrie des *salins de betteraves* qui débarrasse les cours d'eau d'une cause incessante d'insalubrité et qui fournit annuellement, en France seulement, environ 2,000 tonnes de sels alcalins.

Aujourd'hui, dans les distilleries de mélasse, on calcine dans un four à réverbère spécial la vinasse qu'on a préalablement évaporée à consistance sirupeuse ; le produit de la calcination est le *salin*, renfermant, comme principales matières solubles dans

(1) Rapport fait à l'Académie des sciences, au nom d'une commission composée de MM. Boussingault, Chevreul, Dumas, Pasteur et Peligot.

l'eau, du carbonate et du sulfate de potasse, du chlorure de potassium et du carbonate de soude.

Les produits gazeux provenant de la décomposition des matières organiques, en partie brûlés, en partie entraînés par les gaz de la combustion, sont déversés dans l'atmosphère, au grand détriment des habitants du voisinage.

Les pertes occasionnées par ce travail et les inconvénients qu'il présente au point de vue de la salubrité ont depuis longtemps attiré l'attention des distillateurs de betteraves. Dans une grande usine située à Courrières (Pas-de-Calais), MM. Tilloy-Delaune et M. Camille Vincent, ingénieur, professeur de chimie industrielle à l'École centrale, sont arrivés à tirer de ces vinasses un parti des plus avantageux ; en distillant ces produits *en vases clos*, ils obtiennent des substances fort complexes, notamment de l'ammoniaque, de l'alcool méthylique, une série de bases pyridiques, des nitrites et des acides de la série grasse et des quantités considérables de triméthylamine. M. Camille Vincent est arrivé à séparer ces divers produits ; dans ces cinq dernières années, il a présenté à l'Académie des travaux d'une grande valeur sur les matières provenant de la distillation des vinasses de betteraves.

L'intérêt, au point de vue de l'hygiène publique, que présente le travail de l'usine de Courrières, est considérable ; mais cet intérêt n'est pas moindre au point de vue économique, puisqu'il permet de recueillir et de restituer au sol, sous forme de sels ammoniacaux, la plus grande partie de l'azote que contient la betterave. De plus, la production même de ces sels ammoniacaux est devenue la source de dérivés méthyliques qu'on emploie pour la fabrication d'un grand nombre de matières colorantes.

Quelques chiffres feront apprécier l'importance de cette nouvelle industrie ; on distille chaque jour, à Courrières, 90 tonnes de mélasse dont on retire 250 hectolitres d'alcool presque pur, et qui laissent environ 400 tonnes de *vinasses*. Celles-ci, étant évaporées, puis distillées en vases clos, fournissent 40 tonnes de salin brut ; des produits condensés pendant la fabrication du salin on sépare 1,500 kilogrammes de sulfate d'ammoniaque et 1,800 kilogrammes de sels de triméthylamine à l'état de dissolution concentrée. Les gaz inflammables non condensés sont dirigés sous les grilles des foyers et servent, par conséquent, de combustible,

Pour tirer parti de la triméthylamine, M. Camille Vincent la transforme en ammoniaque et en dérivés de l'alcool méthylique. On sait que, par l'action de l'acide chlorhydrique sec sur une ammoniaque méthylique chauffée à une température convenable. on obtient du chlorhydrate d'ammoniaque et du chlorure de méthyle; mais cette réaction présente, dans sa mise en pratique, de très grandes difficultés. Le procédé qu'emploie M. Vincent est beaucoup plus simple; il consiste à soumettre à l'action de la chaleur seule la dissolution concentrée de chlorhydrate de triméthylamine; entre 260° et 325°, ce dernier corps se transforme partiellement en ammoniaque, en triméthylamine et en chlorure de méthyle. Ce mélange est facilement dépouillé des alcalis qu'il renferme au moyen de l'acide chlorhydrique, avec lequel on les met en contact : le chlorure de méthyle gazeux est lavé à l'eau, recueilli dans un gazomètre, puis séché et liquéfié par compression. Quant au sel ammoniac, il est séparé par cristallisation et essorage; le chlorhydrate de méthylamine, qui l'accompagne, rentre dans la fabrication courante. Aujourd'hui, la totalité du triméthylamine qu'on produit à Courrières est utilisée pour la production du chlorure de méthyle et du sel ammoniac (1).

Le chlorure de méthyle, qui bout à 23° sous la pression athmosphérique normale, est emmagasiné et transporté dans des réservoirs en tôle d'acier d'une contenance de 200 kilogrammes. On sait qu'il fournit l'un des procédés les plus élégants pour la production du froid ; mais son emploi le plus important est pour la fabrication des produits méthylés notamment du vert méthylé

---

(1) Le sel ammoniac, obtenu comme nous venons de l'exposer, est souillé par des chlorures de fer et de plomb provenant des chaudières et des serpentins d'évaporation; on le purifie, au point de vue spécial de son application aux piles du système Leclanché, en le redissolvant dans l'eau, et en précipitant les métaux qu'il renferme, au moyen du sulfhydrate d'ammoniaque. Une cristallisation et un essorage le donnent dans un grand état de pureté.

Ce produit, ainsi purifié, est employé par le ministère des postes et des télégraphes.

et de la diméthylamine ; cette dernière base est la matière première d'une importante série de composés colorants.

On voit, par les détails qui précèdent, qu'en soumettant les vinasses à la distillation en vases clos, MM. Tilloy-Delaune ont résolu une question qui intéresse à un haut degré l'hygiène publique et l'agriculture ; en utilisant, pour la fabrication des sels ammoniacaux et du chlorure de méthyle, les méthylamines que fournit la distillation des mélasses, M. Camille Vincent a, de plus, introduit dans l'industrie chimique des produits qui, jusqu'alors, restaient confinés dans nos laboratoires.

En conséquence, par un vote unanime, la commission des arts insalubres décerne à MM. Camille Vincent et Tilloy-Delaune le prix des arts insalubres de la fondation Montyon.

E. PELIGOT,

Membre de l'Institut et de la Société nationale d'agriculture.

§ II. — Transformation de la vinasse en poudre sèche. Procédé pour transformer la vinasse de mélasse en une poudre sèche à l'aide de chaux caustique.

par le Dr H. OPPERMANN, à Bernbourg.

(Brevet allemand nº 16,033.)

Si l'on verse des vinasses de mélasse épaissies, et même ces vinasses dans leur état ordinaire, sur de la chaux vive, non seulement une quantité considérable d'eau se vaporise, mais on obtient une masse que, au bout de quelque temps, on peut réduire en poudre.

Sur 30 parties environ de chaux vive, il faut environ 40 parties de vinasse de mélasse normale, et, suivant le degré d'épaississement de la vinasse, on peut en prendre davantage.

Alors, pour enlever les dernières parties aqueuses ou pour les faire absorber, il est bon, suivant l'humidité de la masse, d'y ajouter ou d'y mélanger un peu de chaux vive en poudre.

Motif du brevet.

Préparation d'une poudre sèche contenant l'azote et les sels de la vinasse de mélasse, par l'action de chaux caustique sur de la vinasse de mélasse, épaissie ou non.

§ III. — Nouveau procédé de fabrication de l'ammoniaque et de l'alcool méthylique de MM. Haring, Threnbery et Cⁱᵉ.

Ce procédé a pour but d'obtenir par la distillation sèche des résidus de la distillerie des mélasses, des eaux de lavage et d'osmose, de l'ammoniaque et de l'alcool méthylé (alcool de bois).

D'après ce procédé, les résidus de la distillation sont placés dans des appareils évaporatoires ou, s'il y en a, dans un four à résidu d'ancienne construction, où on les laisse se concentrer jusqu'à une consistance d'environ 40° Baumé, en les soumettant ensuite à la distillation sèche dans des appareils fermés. Il s'y forme un charbon extrèmement poreux, riche, et dont il est facile de retirer l'eau de condensation, tandis que les produits de la distillation peuvent être traités dans les plus simples appareils pour en retirer les sels d'ammoniaque et l'alcool méthylé.

Comparée à l'ancien procédé, qui consistait à carboniser les résidus et les eaux de lavage dans des fours à flamme pour en retirer seulement le charbon, cette méthode présente, d'après les inventeurs, les avantages suivants :

1° L'obtention de quelques sels d'ammoniaque et de l'alcool méthylé ainsi que quelques produits secondaires (goudron, eaux-mères, gaz, etc.), qui, par l'autre procédé, sont brûlés ou s'échappent par la cheminée;

2° Une plus grande quantité de charbon de résidu ;

3° Les réparations coûteuses des fours sont évitées et l'inconvénient des émanations désagréables pour le voisinage ne se produit pas.

CHAPITRE HUITIÈME

APPAREILS DE LABORATOIRE ET CONTROLE DU TRAVAIL

----

§ I. — Nécessaire de laboratoire pour le dosage du sucre dans les matières sucrées et particulièrement pour la détermination de la valeur de la mélasse en distillerie par le procédé de fermentation et de distillation, par M. H. Leplay.

Les instruments de laboratoire nécessaires au dosage du sucre dans les matières sucrées, et particulièrement pour la détermination de la valeur de la mélasse en distillerie par le procédé de fermentation et de distillation décrit dans le paragraphe 3 de cette brochure sont principalement les suivants :

1° Un pèse-sirop Baumé de . . . . 35° à 45°

2° Un pèse-sirop Baumé de . . . . 0° à 15°

dont chaque degré de chacun de ces instruments est divisé en dixièmes de degré.

3° Une carafe en verre à long col graduée à un litre par un seul trait. . . . . 1.000^{cc}

4° Une fiole en verre graduée à. . . . .   300^{cc}

5° Une fiole   id.   . . . .   200^{cc}

6° Une fiole   id.   . . . .   100^{cc}

7° Une éprouvette non graduée pour prendre le degré Baumé des sirops et mélasses avec les aréomètres ci-dessus.

8° Un alcoolomètre de Gay-Lussac étalon de 0 à 25°.

9° Une éprouvette avec son thermomètre pour les essais alcooliques.

10° Six flacons à fermentation avec leur tube en S à index de mercure, de chacun de . . . . 1.250^{cc}

11° Deux burettes graduées divisées en degrés alcalimétriques ou demi-centimètres cubes.

12° Un flacon de 1 litre de liqueur alcalimétrique titrée destinée à servir de type.

13° Un flacon de 1 litre de liqueur alcalimétrique titrée, équivalent à la liqueur alcalimétrique destinée également à servir de type.

14° Une capsule en porcelaine de 300^{cc} environ pour prendre le titre alcalimétrique à chaud de la mélasse et le titre acidimétrique du liquide fermenté.

15° Un cahier de papier de Tournesol bleu et un cahier de papier de Tournesol rouge.

16° Un verre à expérience à pied de 150^{cc} pour délayer la levure.

17° Six baguettes en verre.

18° Une fiole contenant du mercure pour les index.

19° Un alambic d'essai complet avec sa lampe.

20° Une étuve à basse température avec fond en tôle galvanisée, sa grille métallique et son thermomètre. Cette étuve est construite de manière à recevoir au besoin 8 à 10 flacons en expérience de fermentation.

§ II. — Essais des Vinasses et des Moûts.

La distillation continue, inventée par Cellier-Blumental et mise
en pratique la première fois par M. Amand Savalle, réalise un
grand progrès par la rapidité du travail et l'économie de combustible. Mais, à côté de ces avantages qui sont réels, cette opération a laissé une défectuosité qui, sans importance pour les
petites usines, en a une très grande pour celles qui opèrent en
grand, et ce sont elles qui, aujourd'hui, sont les plus nombreuses.
Les anciennes colonnes ont le défaut de perdre beaucoup d'alcool
dans les vinasses.

Les distillateurs du Nord se servent généralement du rectificateur perfectionné du système Savalle ; mais un certain nombre
de fabricants, persuadés que les anciennes colonnes leur suffi-
saient, ont à tort attaché une importance secondaire au système
de leurs colonnes distillatoires. Un nouvel appareil d'épreuve
des vinasses, imaginé par M. D. Savalle, donne aux distillateurs
la preuve matérielle de la perte d'alcool qu'ils subissent par
leurs colonnes défectueuses.

On se servait, pour éprouver les vinasses, d'un serpentin d'é-
preuve, où se condensaient les vapeurs sortant des vinasses, ou
encore l'on prenait une petite quantité de vinasses, que l'on
distillait dans un alambic. L'une et l'autre de ces expériences
sont imparfaites. En effet, par le nouvel appareil d'essai, là où
l'on ne trouvait aucune trace d'alcool, on est arrivé à produire,
dans des distilleries aux environs de Lille, des flegmes de 7 ou
8 degrés centésimaux. Plusieurs distillateurs ont acquis la
certitude qu'ils perdaient de 3 à 4 0/0 d'alcool dans les vinasses.

La figure 11 représente la disposition de cet appareil.

a. Fourneau contenant sa chaudière.

b. Colonne pour enrichir et analyser les vapeurs de la distillation.

c. Analyseur à eau.

d. Réfrigérant.

e. Éprouvette graduée pour recevoir le produit.

g. Manomètre.

h. Conduite d'arrivée du gaz destiné au chauffage.

Voici la manière d'employer cet appareil :

On introduit 10 litres de vinasse dans la chaudière *a* par une ouverture ménagée à cet effet sur le couvercle de la chaudière. On met de l'eau froide dans le manomètre *g*, dans l'analyseur *c* et dans le réfrigérant *d*; puis on allume le gaz de chauffage. Le liquide contenu en *a* se met en ébullition; les vapeurs traversen la colonne *b* et viennent se condenser en *e* d'où elles retournent à l'état liquide charger les dix plateaux de la colonne *b*. A mesure que ces plateaux se garnissent, la pression monte au manomètre *g*, et cette pression varie de 20 à 25 centimètres pendant le cours de l'opération.

Après quelques instants de distillation intérieure, l'eau se trouve chaude en *c*, et alors les vapeurs les plus riches en alcool passent à la distillation, en se condensant dans le réfrigérant *d*, et s'écoulent dans l'éprouvette graduée *e*.

Le volume du produit obtenu dépend de la teneur alcoolique du liquide soumis à l'épreuve. Si l'on opère sur des vinasses, un produit de 100 centimètres cubes, par exemple, sera l'alcool contenu dans les dix litres sur lesquels on opère. On peut ainsi retrouver facilement un centimètre cube d'alcool dans dix mille centimètres cubes de vinasses : la précision de l'appareil est donc de 1/10,000^{me}.

MM. D. Savalle établissent aussi un appareil, *à épreuve continue*, et l'appliquent alors directement à la sortie des vinasses des colonnes distillatoires. La figure 12 donne cette disposition, qui fonctionne entre autres chez MM. Springer et Cie, à Maisons-Alfort, dans le Nord, à Courrières, chez MM. Tilloy-Delaune et Cie, à Marquette, chez MM. Lesaffre et Bonduelle, et chez M. Louis Porion, à Saint-André-lez-Lille.

Un jet de vapeurs sortant des vinasses alimente en ce cas l'appareil par le robinet *g* et les liquides provenant de l'entraînement des vinasses et de la condensation s'écoulent par le siphon renversé *i*; — pour obtenir une épreuve exacte, il est essentiel de régler l'eau de condensation, de manière à ne couler par heure à l'éprouvette *f* que de *un* à *deux* litres de produits.

Plusieurs distilleries ont acquis par cette expérience la preuve qu'elles perdaient beaucoup d'alcool ; aussi se sont-elles décidées à remplacer leurs appareils distillatoires anciens, dont le travail est plus ou moins défectueux, par l'appareil rectangulaire de la maison Savalle.

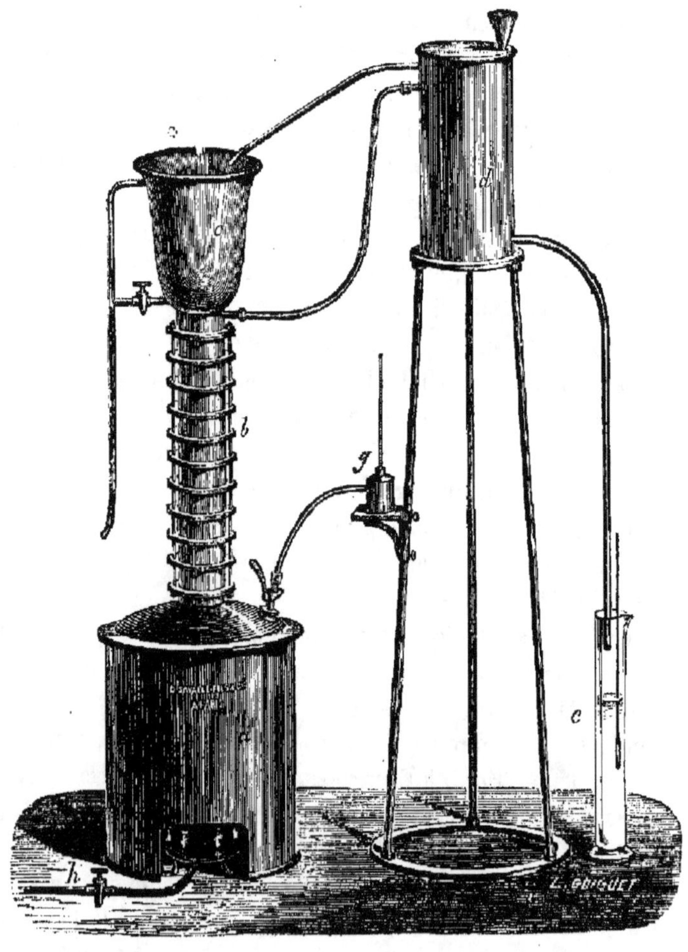

Fig. 11. — Nouvel appareil pour déterminer la teneur alcoolique des vinasses et la perte d'alcool éprouvée par l'emploi des colonnes distillatoires défectueuses.

Le nouvel appareil d'épreuve Savalle est très utile aussi pour se rendre compte de la richesse alcoolique des vins et des fermentations en général. On s'en sert encore pour opérer en petit sur une petite quantité de matière première, afin d'apprécier ainsi ce que celle-ci peut rendre d'alcool.

Cet appareil se distingue des autres appareils d'essai, qui ne sont pour la plupart que des alambics primitifs de petite dimension, en ce que le produit alcoolique obtenu est très concentré et facile à peser exactement à l'aréomètre. Ainsi, lorsqu'on opère sur un vin riche à 8 0/0 d'alcool, les premiers produits obtenus

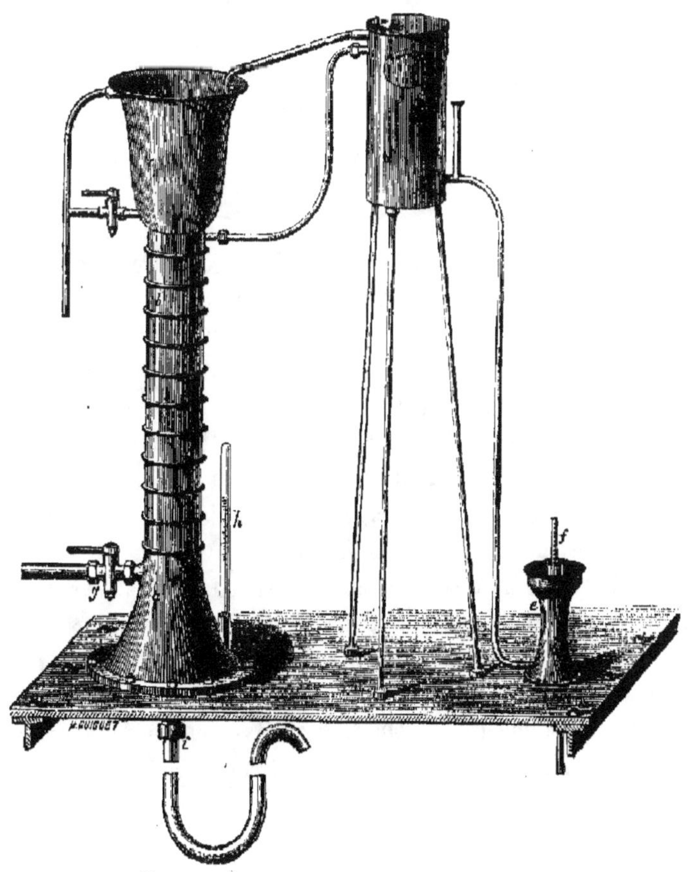

Fig. 12. — Appareil à épreuve continue des vinasses.

titrent 93 et 94 degrés, et la moyenne est à 75 degrés. Si l'on
opère sur une matière contenant 2 0/0 d'alcool, la moyenne des
produits est à 50 degrés.

Nous engageons fortement les fabricants distillateurs à se procurer cet appareil pour leur laboratoire; ils contrôleront ainsi
leur travail et s'éviteront des pertes d'argent qui peuvent être
considérables.

§ III. — Essais des alcools.

LE DIAPHANOMÈTRE

Pour déterminer le degré de pureté de l'alcool, c'est-à-dire sa
qualité, objet essentiel à connaître, on n'avait jusqu'ici d'autre
méthode que le dédoublement avec de l'eau et l'appréciation
dégustative, fournissant, par tâtonnements, des termes de comparaison approximatifs, soumis à l'erreur, à la critique et n'ayant
aucune sanction scientifique. En effet, le goût et l'odorat ne sont
pas développés au même point chez tous les individus, et l'on
comprend facilement les divergences d'opinion au sujet d'un
examen assis sur une base aussi fragile.

M. Désiré Savalle a comblé cette lacune en trouvant le moyen
de doser mathématiquement le degré de pureté de l'alcool, au
moyen d'une méthode rationnelle et par un réactif chimique
qui décèle les impuretés: de plus, il a composé un nécessaire
d'un usage commode et prompt, destiné à rendre des services
continus à l'industrie, au commerce et à l'hygiène publique,
M. Savalle a appelé son appareil *Diaphanomètre*, expression qui
indique clairement le mode d'exécution adopté et le but atteint.
En effet, c'est par le degré de transparence : la *diaphanéité*,

conservée par l'alcool soumis à l'action du réactif, qui dénonce, en les colorant, les plus petites parties d'impuretés non éliminées par la fabrication, qu'il indique sans hésiter la qualité du produit.

A l'aide du procédé que nous allons décrire, il n'y a plus de surprises ni de discussions sur le degré de pureté de l'alcool.

Le producteur titre son produit et le vend en conséquence. L'acheteur, de son côté, vérifie la valeur de ce qu'on lui fournit, et refuse les alcools impurs qui ne conviennent pas aux préparations délicates. Enfin, la consommation n'a plus à redouter les graves inconvénients résultant de l'assimilation dangereuse de produits impurs, car le raffinage des alcools deviendra forcément de plus en plus parfait, le fabricant devant désormais extraire complètement les éthers et les huiles essentielles, qui sont des poisons pour l'organisme.

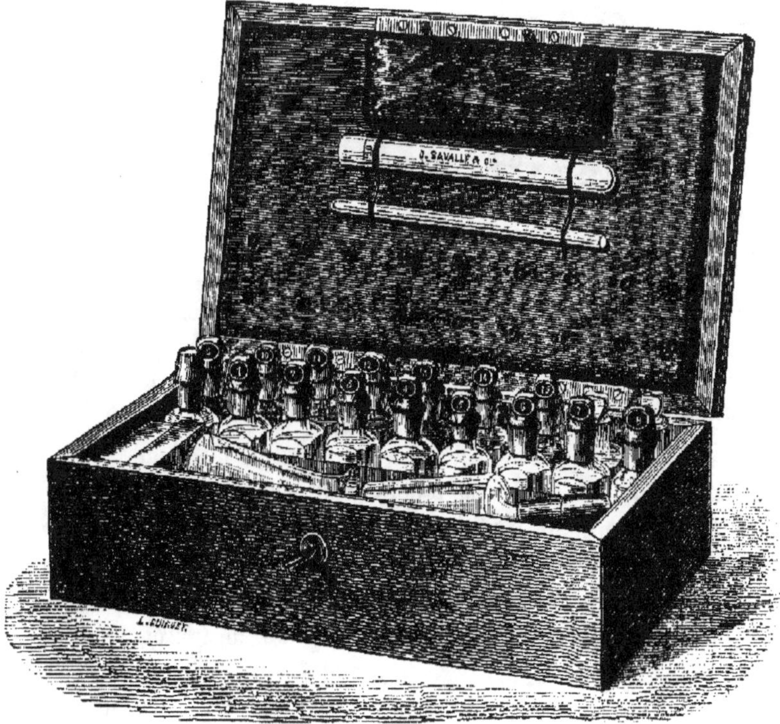

Fig. 13. — Ensemble du diaphanomètre.

L'opération est très simple, à la portée de chacun. Le nécessaire diaphanométrique est renfermé dans une boîte en chêne.

Il se compose d'une série de types, au nombre de dix, qui sont établis avec la plus grande précision. Ces types servent d'étalons pour la comparaison à faire avec le produit soumis à l'essai.

Fig. 14. — Opération par la chaleur.

Les numéros de 1 à 10 forment une gamme de teintes progressivement colorées, qui décèlent, par des nuances de plus en plus foncées, la quantité des impuretés. Pour atteindre ce but, ces types son chargés eux-mêmes de $\frac{1}{10.000}$ à $\frac{10}{10.000}$ d'impuretés ; de plus, ils sont mélangés au réactif chimique, qui a la propriété de teindre l'alcool selon la quantité de souillures qu'il contient.

Ces dix flacons sont cachetés et ne doivent jamais être débouchés. Ils constituent une échelle ascendante de couleurs qui forment la base des termes de comparaison à faire.

On opère comme il suit pour l'alcool à essayer. Au moyen du tube gradué A, on mesure dix centimètres cubes de l'alcool à vérifier et on les verse dans un matras B. On y ajoute une quantité égale du réactif qui se trouve dans un flacon spécial ; puis on chauffe le mélange sur la flamme d'une lampe à alcool, en ayant soin de l'agiter constamment. Une minute suffit à porter le liquide à l'ébullition ; aussitôt le premier bouillon jeté, on arrête le chauffage, puis on verse le tout dans une des bouteilles vides qui se trouvent dans le nécessaire, afin de pouvoir faire la comparaison de la nuance produite avec celle de l'un des types ; celui qui donne l'intensité de la couleur du mélange obtenu indiquera le degré d'impureté.

Il est inutile d'insister davantage sur le service rendu par le diaphanomètre à la santé publique, qu'il faut sans cesse préserver des produits défectueux. Mais il est bon d'appeler l'attention des fabricants et des négociants sur la propagation d'une méthode dont l'application entraînera certainement à fixer le prix de l'alcool d'après le degré de pureté réelle constaté à l'aide de la méthode diaphanométrique.

Voici, à cet effet, un tableau qui présente comparativement le degré de pureté et le prix, en majoration ou en déduction sur les cours de la Bourse.

Valeurs des alcools.

```
Le type n° 0, alcool parfaitement incolore à l'épreuve, 20 fr. au-dessus du cours
  »        1,   »   légèrement teinté                    15            »
  »        2,   »   plus                            »    10            »
  »        3,   »   encore plus    »                »     5            »
  »        4, Type déposé à la Bourse pour fixer la qualité passant en livraison
  »        5, alcool. . . . . . . . . . . . . .   à     3 fr. au-dessous du cours.
  »        6,   »   . . . . . . . . . . . . .     à     6             »
  »        7,   »   . . . . . . . . . . . . .     à     9             »
  »        8,   »   . . . . . . . . . . . . .     à    12             »
```

M. Savalle a, dans ces derniers temps, perfectionné le diaphanomètre, en remplaçant les flacons servant de types par des lames en verre établies avec une très grande précision. — La diaphanéité de chacune de ces lames correspond à celles des types remplacés, et sert à établir le point de comparaison.

Le diaphanomètre s'applique aux alcools du Midi comme à ceux du Nord ; il sert encore à connaître le degré de pureté des eaux-de-vie.

En effet, si l'alcool de vin du Midi, sans mélange d'alcool d'industrie, contient $\frac{40}{10.000}$ d'éther et d'huile œnanthique, c'est-à-dire

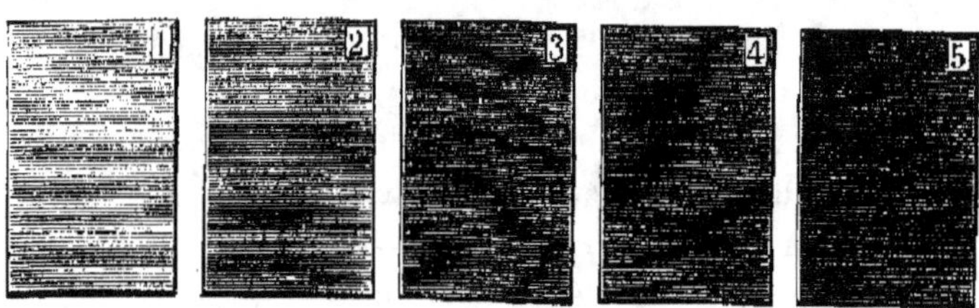

Fig. 15. — Types nouveaux du diaphanomètre.

d'essence de vin, il est exempt de mélange d'alcool d'industrie. Mais si l'alcool de vin se trouve additionné de moitié d'alcool d'industrie, qui titre $\frac{2}{10.000}$ d'impuretés, le mélange n'indiquera plus que $\frac{21}{10.000}$ au lieu de $\frac{40}{10.000}$. Si le même produit est additionné des deux tiers d'alcool industriel, il n'indiquera plus que $\frac{15}{10.000}$ d'essence de vin. Dans ce cas il y a, outre la densité de couleur obtenue par le réactif, une autre indication précieuse : les essences de vins mélangées au réactif produisent une teinte bien définie, toute différente de celle obtenue par l'alcool d'industrie impur.

Il en est de même pour les eaux-de-vie, dont chaque espèce contient assez régulièrement la même quantité d'essence œnanthique. Ce titre varie avec le mode de distillation employé ; mais comme les méthodes distillatoires et le degré du produit sont les mêmes pour chaque espèce d'eau-de-vie, il en résulte que les espèces varient peu comme dosage aromatique.

Lorsqu'on opère sur l'alcool de vin qui contient environ $\frac{40}{10.000}$ d'essences, il faut mélanger cet alcool par quart dans de l'alcool d'industrie, qui note blanc à l'essai diaphanométrique, et opérer sur ce mélange. On multipliera alors par quatre le nombre de degrés d'essence indiqués par l'opération.

Pour agir sur des eaux-de-vie, il faudra d'abord en distiller
une partie et opérer cette distillation d'une façon complète, c'est-
à-dire ne rien laisser dans la chaudière de l'alambic après la
distillation ; et pour de l'eau-de-vie à 50 degrés, le coefficient
d'essences obtenues sera à multiplier par deux.

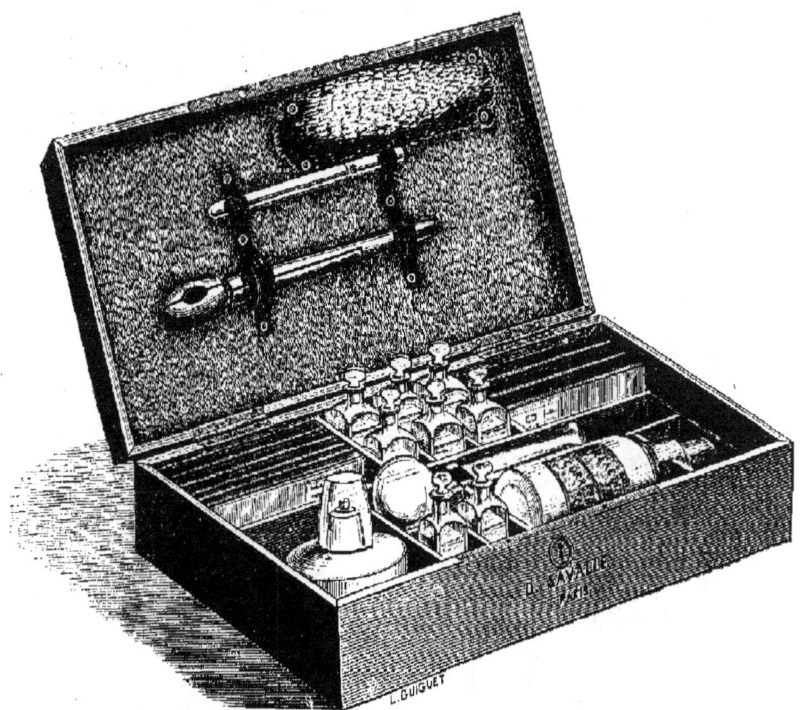

Fig. 16. — Nouveau diaphanomètre avec type en lames de verre.

La boîte contient les types, le réactif, les flacons, les appareils
et les instructions indispensables pour les essais ; elle ferme à clé.

Le réactif est corrosif, et il y aurait du danger de le porter à
la bouche.

Le nécessaire ainsi composé est transportable à la main et peut
servir dans tous les pays.

Il coûte 150 francs chez MM. D. Savalle fils et Cie, avenue du
Bois-de-Boulogne, 64, à Paris.

Alcools bruts soumis au diaphanomètre.

PROVENANCE	DEGRÉ RÉEL DE L'ALCOOL BRUT SOUMIS A L'ÉPREUVE	IMPURETÉS INDIQUÉES AU DIAPHANOMÈTRE		TEINTE OBTENUE PAR LE DIAPHANOMÈTRE
		POUR LE DEGRÉ DE L'ALCOOL CI-CONTRE	LITRES D'IMPURETÉS SUR 1,000 LITRES D'ALCOOL RAMENÉS A 100 DEGRÉS	
Alcool de maïs obtenu par les acides à Aubervilliers.	85°	10	1 litre, 176	Brune-orange
Alcool de grains de Schiedam.	46°	6	1 litre, 305	Rosée.
Alcool de mélasses provenant de Soustick, Russie.	50°	6	1 litre, 200	Jaune, teinte des types.
Alcool de pommes de terre de Reimersholm, près Stockholm, passé aux filtres à charbons de bois.	46°	6	1 litre, 305	Jaune, teinte des types.
Le même alcool que le précédent, mais auquel on a ajouté des huiles essentielles.	46°	8	1 litre, 739	Teinte orange foncé.
Flegmes de grains provenant de l'usine de Maisons-Alfort.	40°	3	0 litre, 750	Jaune, teinte des types.
Flegmes de mélasse de betteraves de l'usine d'Aubervilliers.	60°	8	1 litre, 733	Jaune, teinte des types.

§ IV. — Essais des potasses.

Nouvelle méthode pour analyser avec précision les potasses du commerce,

Par MM. B. Corenwinder et G. Contamine.

Pour éviter les irrégularités que présentent les résultats fournis par les méthodes actuellement usitées, nous procédons comme il suit à l'analyse de la potasse contenue dans une solution quelconque.

Ayant prélevé dans la solution une prise d'essai convenable, nous y versons un léger excès d'acide chlorhydrique ; puis, sans nous préoccuper de l'acide sulfurique, de la silice, de l'acide phosphorique que cette prise d'essai peut contenir, nous l'évaporons au bain-marie, après y avoir ajouté une qnantité suffisante de bichlorure de platine.

Le chloroplatinate de potasse étant obtenu, nous le mettons en digestion avec de l'alcool à 95 degrés, mélangé d'éther, et nous le lavons comme d'habitude avec le même liquide. Cette opération achevée, nous versons sur le filtre, à l'aide d'une pipette, de l'eau bouillante, jusqu'à ce que le chloroplatinate de potasse soit entièrement dissous, et nous recueillons le liquide filtré.

D'autre part, nous faisons chauffer de l'eau contenant du formiate de soude, et, lorsqu'elle est en ébullition, nous y versons, avec précaution et peu à peu, la solution précédente de chloroplatinate de potasse. En peu d'instants, le liquide se décolore et le platine se précipite nettement en une poudre noire, qu'il suffit de laver, sécher, chauffer au rouge et peser, pour connaître avec exactitude la quantité de potasse contenue dans la solution et conséquemment dans la potasse brute ou raffinée dont on fait l'analyse.

Cette méthode est rapide et très exacte. Elle affranchit l'opérateur de l'obligation de séparer, au préalable, l'acide sulfurique, l'acide phosphorique, la silice, qui forment avec la soude des combinaisons insolubles dans l'alcool. Celles-ci altéreraient nécessairement la pureté du chloroplatinate de potasse.

Nous avons eu l'occasion de constater maintes fois que la méthode que nous proposons est surtout avantageuse lorsqu'on veut doser la potasse dans un mélange complexe, un engrais, par exemple.

CHAPITRE NEUVIÈME

STATISTIQUE

des Distilleries de Mélasses provenant de sucre de Betteraves installées par MM. D. Savalle et Cⁱᵉ

NOMS DES INDUSTRIELS	DEMEURES	DÉPARTEMENTS	PRODUCTION JOURNALIÈRE EN ALCOOL		RENSEIGNEMENTS
			BRUT	RECTIFIÉ	
FRANCE					
Jules de Bailleu'........ ...	Pont-de-Nieppes	Nord.....		3.600	
Bernard frères et Leuren'....				7.000	MM. Bernard frères, raffineurs à Lille.
2ᵉ appareil..............	Bordeaux	Gironde..		5.000	
Billet (Alfred)............	Cantin.........	—		5.000	
Le même, 2ᵉ appareil.......	—	—	5.000		
Billet (Alfred) et Cⁱᵉ........	Sermaize.......	Marne ...		5.000	
Les mêmes, 2ᵒ appareil.....	—	—	5.000		
Billet (François)	Marly.........	Nord... .		7.000	
Le même, 2ᵒ appareil......	—	—	5.000		
Usines de Bourdon, société li-mitée....................	Bourdon	Puy-de-Dôme.		9.000	
Les mêmes, 3ᵉ appareil, colonne distillatoire (pour les mélasses)...............	—	—	5.000		
Les mêmes, 3ᵉ appareil, colonne distillatoire (pour les grains)....................	—	—	5.000		
Bouvet fils et Cⁱᵉ...........	Aiserey........	Côte-d'Or.		5.000	
2ᵒ appareil...........	—	—	5.000	..	
J. Chalon..............	Pontoise.......	Oise.....		7.000	Première usine ayant employé le régulateur de condensation.
2ᵒ appareil...............	—	—	7.000		
G. Claudon...............	Denain...	Nord.....		7.000	
2ᵒ appareil.............	—	—	7.000		

NOMS DES INDUSTRIELS	DEMEURES	DÉPARTEMENTS	PRODUCTION JOURNALIÈRE EN ALCOOL		RENSEIGNEMENTS
			BRUT	RECTIFIÉ	
Ch. Bodé et Pasquesoone.....	Quesnoy-s-Deule	Nord....		4.000	
Le même, 2e appareil.......	—	—		7.000	
Le même, 3e appareil.......	—	—		3.000	
Deschanvres et Cie.........	Bucy-le-Long...	Aisne....		2.500	
Les mêmes, 2e appareil.....	—	—		4.000	
Lestarquit.............	Salomé........	Nord....		7.000	
Dantu-Dambricourt.........	Steene, près Bergues........	Nord....		7.000	Fabricant de sucre et distillateur.
Le même, 2e appareil.......	—	—		10.000	
— 3e appareil.......	—	—	10.000		
Delgute et Cie.............	Saint-Pierre-lez-Calais........	Pas-de-Calais.		3.600	Négociant, rue Princesse, à Lille.
Le même, 2e appareil.......	.—			3.600	
Félix Dehaynin.............	Aux Corbins près Lagny.......	Seine-et-Marne.		3.600	
Le même, 2e appareil, colonne distillatoire pour 80,000 kilogrammes de betteraves par jour................	—	—	4.000		
Deschanvres et Cie..........	Denain.........	Nord.....	5.000	3.000	
Le même, 2e appareil.......	—	—			
Delloye Lelièvre...........	Cwuy.........	—		5.000	
Célestin Droulers..........	Wasquehal.....	—		5.000	Distillateur et fabricant de sucre.
Charles Droulers...........	Roubaix.......	—		5.000	
Le même, 2e appareil, colonne pour les grains.........	—	—	5.000		
Le même, 3e appareil, colonne pour les betteraves......	—	—	5.000		
Louis Droulers.............	Ascq.........	—		4.000	Fabricant de sucre, distillateur et agriculteur.
Le même, 2e appareil, colonne distillatoire pour la mélasse et les betteraves........	—	—	4.000		

NOMS DES INDUSTRIELS	DEMEURES	DÉPARTEMENTS	PRODUCTION JOURNALIÈRE EN ALCOOL		RENSEIGNEMENTS
			BRUT	RECTIFIÉ	
Duriez et Droulers............	Coppenausfort..	—		3.500	Fabricants de sucre et distillateur.
Les mêmes...	—	...		3.000	
Les mêmes...........	—	. ...	2.400		
Durin et Cie....	Cappelle.......	—		7.000	
Fevez..............	Grand-Pont-Maudit..........	—		7.000	
Franck, directeur de la distillerie d'Aubervilliers....	Aubervilliers ...	Seine....		4.000	
2e appareil, colonne distillatoire rectangulaire.......	—	—	4.000		
Le même, 3e appareil.......	—	—		5.000	
Le même, 4e appareil	—	—		2.800	Rectificateur nouveau système.
Cie Franco-Belge, raffinerie...	Marseille.	Bouches-du-R.		4.000	
La même, 2e appareil, colonne distillatoire pour les mélasses de cannes.	—	—	4.000		
Usine de Francières	Estrées-St-Denis	Oise.....	5.000	5.000	Rectificateur nouveau système.
—					
Gouvion Deroy.............	Denain..........	Nord.....		2.500	
Le même, 2e appareil........	—	—	2.500		
G. Houvenaghel......	Salomé, p. Lille.	Nord.....		3.600	
Le même	—	—		4.500	
Kolb-Bernard (Armand)......	Plagny.........	Nièvre ...		3.000	
2e appareil, colonne rectangulaire avec chauffage tubulaire............... ...	—	—	3.000		
A. Lefebvre	Corbehem, près Douai........	Nord.....		8.000	
Le même, 2e appareil, colonne distillatoire pour les mélasses..............	—	—	8.000	2.000	
Le même, 3e appareil........					
De Lacroix fils	Moulins, Lille..	—	4.000	4.000	
2e appareil..............	—	—			
Lamblin frères...........	Marquettes-lez-Lille....	—		5.000	

NOMS DES INDUSTRIELS	DEMEURES	DÉPARTEMENTS	PRODUCTION JOURNALIÈRE EN ALCOOL		RENSEIGNEMENTS
			BRUT	RECTIFIÉ	
				1.000	
Leduc.............	Frocourt.......	Oise....			
Lesaffre et Bonduelle.......	Marquettes-lez-Lille.........	Nord....		11.000	
—	—	—		11.000	
—	—	—	10.000		
—	—	—	10.000		
Lesaffre et Bonduelle........	Marc-en-Breuil .	—	9.000		
Les mêmes	—	—		9.000	
Le baron Michel...........	Marly...... ..	—		4.500	
2e appareil...............	—	—	4.500		
Peuvion Mollet	Illies....	—		2.500	
Mottez...................	Hamage........	Nord....		3.000	
Pointurier et Cie...........	Frais-Marais....	—		4.000	
Eugène Porion.............	Wardrecques ...	Pas-de-Calais..		9.000	Inventeur d'un nouveau four à potasse, qui supprime l'évaporation préalable des vinasses. Médaille d'or et décoré chevalier de la Légion d'honneur en 1878.
2e appareil...............	—	—	9.000		
3e appareil...............	—	—		3.600	
Louis Porin et Cie.........	Saint-André-lez-Lille.........	Nord....		9.000	Distillerie de grains par le malt, livrant par jour 2,000 hectolitres de drêches. — Distillerie de mélasses, avec production de potasse.
Raguet, Soupeault et Cie ...	Chauny........	Aisne....		8.000	
2e appareil...............	—	—	14.000		
3e appareil, colonne distillatoire...................	—	—		18.000	
Dècle et Cie...............	Rocourt.......	—		8.000	
Les mêmes, 2e appareil......	—	—		12.000	
— 3e appareil......	—	—		18.000	
— 4e appareil......	—	—		8.000	
J. Savary et Cie.............	Ham..........	Somme..		8.000	
Les mêmes, 2e appareil	—	—		8.000	
— 3e appareil, colonne distillatoire pour les mélasses...............	—	—	14.000		

NOMS DES INDUSTRIELS	DEMEURES	DÉPARTEMENTS	PRODUCTION JOURNALIÈRE EN ALCOOL		RENSEIGNEMENTS
			BRUT	RECTIFIÉ	
J. Savary et Cie.......	Nesle........	—		6.500	
2e appareil...............	—	—		3.000	
Émile Schotsmans....	Ancoisne........	Nord... .		5.000	
2e appareil, colonne rectan-gulaire avec chauffage tu-bulaire	—	—	5.000		
E. Schotsmans......	Lille..........	—	6.500		
—	—	—		8.000	
E. Schotsmans....	Capelle , près Dunkerque...	—		6.500	
Le même..............	—	—	6.500		
Le même.................	—	—		8.000	
Tilloy-Delaune et Cie...... ..	Courrières......	—		13.000	
Les mêmes, 2e appareil.....	—	—		5.000	
— 3e appareil.....	—	—		13.000	
H. Wagner et Cie...........	Lewarde........	—			
Les mêmes.............	—	—	4.000	3.000	

NOMS DES INDUSTRIELS	DEMEURES	DÉPARTEMENTS	PRODUCTION JOURNALIÈRE EN ALCOOL		RENSEIGNEMENTS
			BRUT	RECTIFIÉ	
AUTRICHE					
Franz-Xavier Brosche fils....	Prague.........	Bohême..		10.000	
Le même, 2e appareil.......	—	—		10.000	Rectificateur du nouveau système.
Actien Spiritus Fabrick......	Chrudin	—		7.500	
Paul Primavesi...	Omultz...	Moravie..		7.500	
J. Latzel et Cie...........	Pawlozwitz.....	—		2.500	
Les mêmes, 2e appareil......	—		2.500		
Le prince de **Salm**....... .	Raitz.........	—		4.500	
BELGIQUE					
V. et E. Carbonnelle frères...	Tournai........	Hainaut..	18.000		Colonne rectangulaire la plus puissante montée en Belgique.
Les mêmes.....	—	—		6.500	
Auguste Dumont	Chassart.......	Brabant..		3.600	
Félix Wittouck............	Leeuw-St-Pierre, près Bruxelles			4.500	
Le même, 2e appareil pour la distillation des mélasses..	—	—	3.600		
Le même, 3e appareil pour la rectification des alcools...	—	—		4.000	
Mme Ve **Raimbeaux** et **Legrand**.	Tongres-Notre-Dame ...	Hainaut..		2.500	
Les mêmes, 2e appareil.....	—	—		3.600	
Le baron de **Saint-Symphorien**	Mons	—		5.000	
2e appareil...............	—	—		2.000	
CHILI					
Sucrerie de Betteraves,					
Vega Plombard........ ...	Los Guindos....	....	750		
ESPAGNE					
Gimenez.............	Grenade........	Grenade..	1.000	1.000	

NOMS DES INDUSTRIELS	DEMEURES	DÉPARTEMENTS	PRODUCTION JOURNALIÈRE EN ALCOOL		RENSEIGNEMENTS
			BRUT	RECTIFIÉ	
HOLLANDE					
Kiederlen................	Rotterdam			7.500	Distillerie de mélasses la plus importante de la Hollande.
2ᵉ appareil, colonne distillatoire..................	—	....	3.600		
3ᵉ appareil.........	—	....		3.000	
A. de Bruyn et Cⁱᵉ..........	Zevenbergen....	Brabant .		3.600	
Le même, 2ᵉ appareil.......	—	—	3.600		
RUSSIE					
B. Adelheim.............	Kieff....... ...	Kieff.....		3.000	Rectificateur du nouveau système.
J. Anderson.............	Kosatskol	Kieff.....		5.000	Rectificateur du nouveau système.
Alexandre Beckers..........	Soutisk	Podolie ..		5.000	
Le même, 2ᵉ appareil... ...	....	—	5.000		
Wladimir Czarnowski........	Umann Popudnia .,....	Kieff.....		2.000	
La Société sucrière de Trostianetz............ . ..	Trostianetz.....	Podolie...		2.500	Possède le domaine de Trostianetz de dix mille hectares. Travaille dans ses deux sucreries de Trostianetz et de Usté environ 80 millions de kilogrammes de betteraves; administrateur, M. Alexandre Becker.
La même............. .	....	—	2.500		
Podolski (Mⁱⁱᵉ)	Gretschanowka .	Gouvernement de Karkof.		3.000	Rectificateur nouv. système.
SUÈDE					
Tranchell...............	Landskrona			2.500	
Tᴏᴛᴀᴜx..............			222.900	530.700	*litres d'alcool de mélasses*

pouvant être produits par jour par les appareils SAVALLE.

CHAPITRE DIXIÈME

STATISTIQUE DE LA PRODUCTION DES ALCOOLS
DE MÉLASSES
ET DE L'IMPORTATION DES MÉLASSES ÉTRANGÈRES

Production annuelle des alcools de mélasses
et de betteraves depuis 1840.

Ce sont les moyennes annuelles que nous avons indiquées depuis 1840 à 1875.

ANNÉES	ALCOOLS de MÉLASSES	ALCOOLS de BETTERAVES
	hectol.	hectol.
1840-1850.	40.000	500
1853-1857.	137.000	300.000
1865-1869.	346.640	300.449
1870-1875.	582.443	313.774
1876	710.670	243.337
1877	642.709	272.883
1878	646.745	331.716
1879	723.634	364.714
1880	685.433	429.878
1881	685.646	563.240
1882	703.989	536.056
1883	750.637	629.998
1884	778.714	569.257
1885	728.523	465.451
1886	492.093	525.317
1887	426.462	793.006
1888	579.245	533.416
1889	»	720.638

Tableau II. — Importation en France des mélasses étrangères depuis 1857.

ANNÉES	KILOGRAMMES	ANNÉES	KILOGRAMMES
1857	7.082.430	1874	35.949.689
1858	933.929	1875	15.156.182
1859	1.364.970	1876	25.009.211
1860	8.339.739	1877	37.039.219
1861	11.083.305	1878	41.454.974
1862	8.500.861	1879	44.923.560
1863	10.054.207	1880	59.774.004
1864	17.926.270	1881	43.869.515
1865	8.304.389	1882	46.678.049
1866	12.292.295	1883	53.073.922
1867	18.591.496	1884	71.714.919
1868	17.646.832	1885	154.360.648
1869	35.477.298	1886	119.250.469
1870	27.692.532	1887	103.471.041
1871	47.754.007	1888	125.255.405
1872	17.494.420	1889	86.455.916
1873	19.745.828		

Importation de mélasses allemandes depuis 1877.

1877	26.466.110	1884	85.200.507
1878	24.602.392	1885	84.532.287
1879	25.005.751	1886	45.180.713
1880	27.155.798	1887	35.705.914
1881	18.897.186	1888	65.201.763
1882	18.579.193	1889	26.352.916
1883	15.428.548		

Importation des mélasses belges depuis 1884.

1884	36.824.300	1887	33.434.723
1885	44.167.959	1888	30.699.861
1886	25.945.929	1889	34.482.625

Tableau III. — Production annuelle d'alcool de mélasses, pendant les années : 1° 1876 à 1884 ; 2° 1885 à 1888, période de la nouvelle loi des sucres de 1884. — Proportion de mélasses françaises et étrangères consommées. — Proportion d'alcool afférent à chacune de ces matières premières.

ANNÉE	MÉLASSE FRANÇAISE	MÉLASSE ÉTRANGÈRE	TOTAL	ALCOOL PRODUIT par les mélasses françaises	ALCOOL PRODUIT par les mélasses étrangères	TOTAL
	kilogrammes.	kilogrammes.	kilogrammes.	hectolitres.	hectolitres.	hectolitres.
1876	248.325.384	25.000.211	273.334.505	645.646	65.024	710.670
1877	210.156.538	37.039.249	247.195.787	546.407	96.302	642.709
1878	207.281.538	41.454.974	248.736.512	538.932	107.783	646.715
1879	233.223.076	44.923.560	278.146.636	606.830	116.801	723.631
1880	203.854.230	59.774.004	263.628.234	530.021	155.412	685.433
1881	210.763.846	43.869.515	263.633.361	571.386	114.060	685.446
1882	224.087.308	46.678.049	270.765.357	582.027	121.362	703.989
1883	235.632.692	53.073.922	288.706.614	612.645	137.992	750.637
1884	227.790.769	71.714.919	299.505.688	592.256	186.458	778.714
1885	125.840.770	154.360.648	280.201.418	327.186	401.337	728.523
1886	70.016.538	119.250.169	185.266.707	182.043	310.050	492.093
1887	60.852.693	103.171.041	164.023.734	158.217	268.245	426.462
1888	97.519.230	125.256.000	222.775.230	253.550	325.665	579.215

La loi des sucres de 1884, en encourageant l'extraction du sucre des mélasses, a donc diminué des deux tiers, en chiffres ronds, la quantité des mélasses livrées à la distillerie, pendant cette même période, et, comme conséquence naturelle, l'importation de la mélasse étrangère a doublé. Malgré cette importation, la consommation générale des mélasses en distillerie a diminué de 75 à 80,000,000 de kilogrammes, et la production d'alcool de 200,000 hectolitres.

Aujourd'hui la mélasse de sucrerie est presque complètement rendue à la distillerie, mais la quantité de mélasse de sucrerie a considérablement diminué depuis l'énorme accroissement de la richesse des betteraves, et les fournitures de la sucrerie n'atteindront que des chiffres bien inférieurs aux chiffres anciens.

Tableau IV. — Salins de Betteraves.

Importations.

ANNÉES	QUANTITÉ	VALEUR
	kilogrammes	fr. c.
1889	843.671	84.397 »
1888	1.970.798	197.080 »
1887	1.104.076	110.408 »
1886	1.308.381	130.838 »
1885	1.621.095	162.110 »
1884	1.216.028	121.603 »

Exportations.

ANNÉES	QUANTITÉ	VALEUR
	kilogrammes	fr. c.
1889	5.050	505 »
1888	6.913	691 »
1887	1.300	130 »

Potasse et carbonate de potasse.

Importations.

ANNÉES	QUANTITÉ	VALEUR
	kilogrammes	fr. c.
1889	3.227.201	1.871.776 »
1888	1.065.273	617.858 »
1887	1.097.772	614.752 »
1886	1.100.325	638.187 »
1885	1.099.641	637.792 »
1884	945.907	586.463 »

Exportations.

ANNÉES	ANGLETERRE	BELGIQUE	AUTRES PAYS	TOTAL
	kilog.	kilog.	kilog.	kilog.
1889	6.223.503	8.356.155	718.128	15.297.786
1888	5.152.347	7.932.891	705.862	13.791.100
1887	4.446.248	8.295.481	926.592	13.668.321
1886	4.901.355	7.835.797	665.483	13.402.635
1885	5.283.294	8.388.575	1.436.351	14.808.220
1884	4.723.302	9.868.366	1.128.456	15.720.624

CHAPITRE ONZIÈME

CONCLUSIONS

La distillation des mélasses avec ses annexes est, comme on vient de le voir, le meilleur moyen pour la bonne utilisation des résidus de la sucrerie.

Ce résidu, dont on était autrefois très embarrassé, se dédouble maintenant en deux produits, alcool et potasse, d'un écoulement immédiat,

Ainsi que nous l'avons déjà dit, la distillation permet à l'industrie du sucre de n'employer que des moyens très faciles d'extraction de sucre cristallisable, puisque le travail de la distillerie permet d'utiliser encore tout le sucre qui reste dans la mélasse.

Comme auxilliaire de la fabrication du sucre, la distillerie des mélasses est donc très précieuse ; elle ne l'est pas moins comme auxilliaire de l'agriculture.

La betterave, comme on le sait, a besoin pour se développer de trouver dans le sol une quantité assez considérable de nitrates ; le sucre et l'alcool n'étant que des produits carbonés, tous les sels absorbés par la betterave se retrouvent dans la mélasse, et par suite, après distillation et incinération, dans les salins.

La distillation et la fabrication de la potasse ramènent donc à leur point de départ initial tous les éléments qui ont concouru à la production de la betterave à sucre, le cycle se trouve ainsi complet et fermé.

Sans la distillation ou par l'exportation de la mélasse la terre s'épuiserait beaucoup plus vite ou exigerait des engrais plus puissants.

L'industrie des produits chimiques profite en outre de cette énorme production de salins dont la potasse est extraite.

La distillation des mélasses est donc le complément naturel, la suite nécessaire de la grande industrie de la fabrication du sucre de betterave, industrie qui a révolutionné, on peut le dire, toute la science agricole. C'est la fabrication de l'alcool des résidus de la sucrerie qui, par cette utilisation lucrative, a poussé au développement de cette industrie et à l'amélioration de l'agriculture nationale ; en d'autres termes, nous dirons que l'installation des distilleries de mélasse est la marque d'un grand progrès et d'un développement industriel et agricole très avancé.

NOUVEAU TARIF

DES

APPAREILS DE RECTIFICATION

SYSTÈME SAVALLE

NUMÉROS de DIMENSIONS	CONTENANCE des CHAUDIÈRES	VOLUME d'alcool fin produit en 24 h^{es}	PRIX DES APPAREILS AVEC CHAUDIÈRE EN FER		PLUS-VALUE pour Chaudière EN CUIVRE
			SYSTÈME Savalle primitif	SYSTÈME Savalle perfecté	
	Litres	Litres	Fr.	Fr.	Fr.
1	2.400	500	4.000	5.300	750
2	4.000	1.000	5.400	6.800	900
3	7.500	2.000	8.100	11.300	2.700
4	11.000	2.800	10.800	14.000	3.200
5	15.000	3.600	13.000	17.100	4.100
6	18.000	4.500	16.600	22.000	4.900
7	22.500	6.000	19.400	23.200	6.300
8	27.500	8.000	23.400	32.600	8.600
9	35.000	10.000	29.700	39.600	9.900
10	45.000	12.400	37.800	49.500	11.700
11	60.000	16.000	50.400	67.500	16.200
12	73.000	20.000	58.500	78.300	19.800

OBSERVATIONS. — Aux prix ci-dessus les appareils sont livrés sans tuyauterie, ni robinetterie. Celles-ci sont facturées à part et se montent à environ 9 0/0 du prix de l'appareil ; l'emballage est d'environ 3 0/0.

Si l'on désire obtenir de l'alcool de qualité supérieure, il ne faut compter comme rendement en extra-fin que 60 0/0 du chiffre du travail indiqué pour l'alcool fin.

L'appareil de rectification perfectionné procure une économie considérable de combustible, cette économie varie suivant les conditions du travail de 50 à 80 0/0.

Les conditions de vente sont : un tiers à la commande et le solde à la livraison à Corbehem ; cette livraison peut se faire dans un délai de 75 à 90 jours.

NOUVEAU TARIF
DES

APPAREILS DE DISTILLATION
Système SAVALLE

NUMÉROS de DIMENSIONS	VOLUME DE VIN DISTILLÉ par 24 heures	PRIX DE BASE DES APPAREILS en cuivre rouge	PRIX DE BASE DES COLONNES en fonte de fer
	Litres	Fr.	Fr.
0	24.000	5.000	......
1	30.000	6.200	5.800
2	40.000	7.750	6.500
3	50.000	9.300	7.500
4	60.000	10.900	8.500
5	70.000	12.400	9.500
6	80.000	13.900	10.500
7	90.000	15.500	11.500
8	100.000	17.100	12.500
9	110.000	18.700	13.400
10	120.000	20.200	14.400
11	160.000	26.900	18.400
12	200.000	33.200	23.300
13	250.000	40.500	27.300
14	300.000	56.200	39.600
15	450.000	70.200	49.300

OBSERVATIONS. — Aux prix ci-dessus, les appareils sont livrés sans tuyauterie, ni robinetterie. Celles-ci sont facturées à part et se montent à environ 9 0/0 du prix de l'appareil; l'emballage est d'environ 3 0/0.

Les appareils ci-dessus produisent de l'alcool brut de 45 à 60 degrés, ce qui est suffisant si l'on rectifie l'alcool sur place. Dans le cas où cette rectification n'a pas lieu, nous donnons à l'appareil une disposition spéciale qui lui fait produire de l'alcool brut de 90 à 93 degrés Tralles. Dans ce cas, le prix de l'appareil augmente de 40 0/0.

Les conditions de vente sont : un tiers à la commande, et le solde à la livraison à Corbehem. Cette livraison peut se faire dans un délai de 75 à 90 jours.

APPAREILS A FEU NU (compris la tuyauterie)

NUMÉROS DE DIMENSIONS	VOLUME DISTILLÉ en 12 heures	PRIX en cuivre
	Litres	Fr.
00	2.500	3.600
000	1.500	2.700

BUREAU DES PUBLICATIONS

RELATIVES A LA DISTILLERIE ET A LA BRASSERIE

Paris, 53, rue Vivienne

***

OUVRAGES DE M. JEAN-PAUL ROUX
CHEVALIER DE L'ORDRE DU MÉRITE AGRICOLE

Directeur-propriétaire des journaux la *Revue universelle de la Distillerie* et de la *Revue universelle de la Brasserie et de la Malterie*, journaux techniques hebdomadaires ; Membre du Comité d'admission et du Jury des Récompenses de l'Exposition universelle de 1889. Secrétaire des Congrès internationaux de brasserie de Paris en 1878 et de Bruxelles en 1880. Secrétaire-délégué de l'*Union générale des brasseurs* au Congrès de Munich en 1880 et de Berlin en 1884. Secrétaire du Jury de l'Exposition internationale de brasserie de Versailles en 1881, de l'Exposition internationale de Paris en 1885. Secrétaire-rédacteur de l'Association de garantie, membre du Comité de patronage, et auteur du *Système de classification* de l'Exposition nationale de brasserie à Paris en 1887. Membre des Congrès internationaux pour l'étude de l'alcoolisme. Membre de la Société de Statistique de Paris, etc.

DISTILLERIE

La Fabrication de l'alcool. Beau volume in-8° illlustré . fr. c.

    Parties parues :

§ I. — *La Rectification.* Broch. de 65 pages et 15 gravures . . 3 »

§ II. — *Production du rhum.* Broch. de 50 gages et 9 gravures . 3 »

§ III. — *Distillation des grains et Fabrication de la levure pressée.* Broch. de 140 pages et 15 gravures. . . . . 3 »

§ IV . { *Distillation du cidre.* Broch. de 30 pages et 4 gravures. . 3 50
 { *Distillation du vin.* Broch. de 36 pages et 6 gravures. . . 1 50

§ V. — *Distillation de la betterave* . . . . 3 »

§ VI. — *Distillation de la mélasse* . . . . 3 »

    Pour paraitre prochainement :

§ VII.—*Distillation du topinambour, des asphodèles, des caroubes, etc* » »

Le Monopole de l'alcool (*Journal des Économistes*) . . . » »

La Distillerie à l'Exposition d'Anvers en 1885. Une brochure in-8°. . . . . » »

REVUE UNIVERSELLE DE LA DISTILLERIE, journal hebdomadaire, le plus grand et le plus important journal de la spécialité dans le monde entier. Abonnement, par an . . . . . . 15 »

MALTERIE ET BRASSERIE

La BIÈRE. — *Quelques mots sur la bière*, dédiés aux fa-
milles et aux consommateurs. Une brochure in-8°. 1887. . .   1   »

Exposition de brasserie de Munich en 1880. Une brochure in-8° .   1   •

La Brasserie à l'Exposition d'Anvers en 1885. Une brochure in-8° épuisé.

Mémoire sur la Société anonyme des brasseries françaises, 1879
Grand in-4°. Rare   5   »

Les Écoles de brasserie. Rapport au Congrès international des
brasseurs à Paris en 1878. . . . . épuisé.

REVUE UNIVERSELLE DE LA BRASSERIE ET DE LA MAL-
TERIE, journal hebdomadaire. Abonnement par an   15   »
Très utile aux distillateurs de grains; nouvelles méthodes de
maltage, etc.

Au *Bureau des publications*, 53, rue Vivienne, à Paris, on peut se procurer tous les ouvrages relatifs à la *Distillerie*, à la *Malterie* et à la *Brasserie*
et généralement à toutes les industries agricoles.

TABLE DES MATIÈRES

L'ALCOOL FIN DE LA MADONE

De temps immémorial, la France a produit, par le simple privilège de sa situation climatérique, les premiers alcools du monde ; les eaux-de-vie de Cognac, les trois-six du Midi ne connaissent pas de rivaux.

L'alcool industriel n'avait alors que des emplois inférieurs, et, malgré les efforts de quelques spécialistes, sa qualité n'était pas appréciée.

Lorsque sont arrivées les maladies de la vigne, qui ont privé la France de son incomparable production alcoolique, la fabrication des alcools industriels n'avait encore pas fait les mêmes progrès que la fabrication étrangère, notamment la distillerie allemande, et, pour remplacer dans une certaine mesure, les alcools de première qualité qui nous faisaient défaut, on a dû acheter des alcools allemands de marques supérieures. L'Allemagne a donc profité des progrès qu'elle avait faits dans la fabrication des alcools industriels, et, chose curieuse, ses progrès, elle les avait faits en employant des appareils français, les *rectificateurs Savalle*, auxquels est due la renommée dont jouissaient les alcools allemands.

Mais l'industrie française, qui était en retard par le coup de surprise de l'oïdium et du phylloxera, n'a pas tardé à rattraper le chemin perdu et aujourd'hui les alcools industriels français peuvent rivaliser avantageusement avec les alcools allemands des meilleures marques, et parmi eux se distinguent et prennent le premier rang les alcools de l'usine « *la Madone* ».

Une des curiosités industrielles de Paris, de celles qui intéressent à la fois les consommateurs, les industriels et les hygiénistes, c'est la Raffinerie d'alcool « *la Madone* », située aux portes de Paris, à Puteaux,

Dans ce bel établissement de création récente, où ont été réunis tous les perfectionnements acquis à la rectification, on fabrique des alcools d'une pureté qui n'avait pas encore été atteinte jusqu'ici, et qui surpassent les marques françaises et allemandes les plus renommées, grâce à un procédé spécial, dernière création de M. Désiré Savalle.

L'Alcool de « la Madone » est le type de pureté absolue, comme l'usine est un modèle d'installation, et où les progrès de la fabrication sont poussés au dernier degré de perfectionnement.

L'alcool de cette usine entre dans les emplois qui exigent une pureté absolue, une grande finesse et du velouté, comme les eaux-de-vie, les vins fins, la parfumerie, la pharmacie.